# 药用植物自然笔记

周心悦 马亮/主编

人民东方出版传媒
東方出版社

**图书在版编目(CIP)数据**

药用植物自然笔记 / 周心悦，马亮主编. —北京：东方出版社，2019.3
ISBN 978-7-5207-0734-3

Ⅰ. ①药… Ⅱ. ①周… ②马… Ⅲ. ①药用植物—青少年读物 Ⅳ. ① S567-49

中国版本图书馆 CIP 数据核字（2018）第 296130 号

药用植物自然笔记
(YAOYONG ZHIWU ZIRAN BIJI)

**主　　编**：周心悦　马　亮
**策划编辑**：鲁艳芳
**责任编辑**：黎民子
**出　　版**：东方出版社
**发　　行**：人民东方出版传媒有限公司
**地　　址**：北京市朝阳区西坝河北里 51 号
**邮　　编**：100028
**印　　刷**：北京汇林印务有限公司
**版　　次**：2019 年 3 月第 1 版
**印　　次**：2019 年 3 月北京第 1 次印刷　2019 年 6 月北京第 2 次印刷
**开　　本**：710 毫米×1000 毫米　1/16
**印　　张**：11.5
**字　　数**：30 千字
**书　　号**：ISBN 978-7-5207-0734-3
**定　　价**：32.00 元
**发行电话**：（010）85924663　85924644　85924641

# 前 言

用笔端描绘科学之真与艺术之美！笔者在组织“东城区青少年药用植物科学绘画”科普活动的过程中惊喜地发现，“科学绘画”这种形式能够把“科学之真”与“艺术之美”悄然无息地结合在一起。所谓“植物科学绘画”，又被称作“植物写真”，是一个发展了300多年的画种。这就像给植物拍身份证的标准照片，既要求精准地反映植株和器官的形态特征，同时又要求与艺术融为一体，科学与美，二者不可偏废。

组织本次科普活动的初衷是源于对科普类活动课程的思考。从课程角度上看，时下最流行的是STEM课程理念。对于青少年科普类活动课程的设计者来说，也应具有“混搭”的意识，即“科学+”的活动理念。“东城区青少年药用植物科学绘画”科普活动，即是在“科学+”的活动理念下，“混搭”了美术、传统文化等内容，通过实践活动引导青少年了解科学绘画、中草药发展历史，能够实地辨认常见药用植物；掌握基本的科学绘画技法，完成药用植物科学绘画作品。学生通过课程学习，了解科学绘画历史，掌握科学绘画基本技法；通过外出实践活动，完成药用植物科学绘画作品；通过讲座、微课、作品巡展等活动，普及药用植物知识，推广科学绘画项目。通过参与实践活动培养了学生严谨的科学精神，细致入微的观察能力；了解中国传统文化，感悟药用植物深厚的文化底蕴；体验当一名科学绘画师，了解做一名优秀科学绘画师所需的职业素养，并向科学绘画事业默默奉献的科技工作者致敬。

东城区 20 多所学校 1000 余名青少年参与到本次活动中，经过课程培训、采风实践、作品临摹、作品巡展等环节，共收集作品 478 幅。由于本次活动是基于课程培训基础上，在教师的有效指导下，学生独立完成的探究活动，因此呈现出了一批较高质量的成果，也体现了本次活动的“用笔端描绘科学之真与艺术之美”的核心价值。

为了进一步推广“东城区青少年药用植物科学绘画”科普活动的成果，我们选取了 40 幅优秀科学绘画作品，聚焦植物药用的历史、植物特性、绘画技巧等方面内容编辑出版，旨在让更多的青少年能从科学绘画的角度，有效观察探究药用植物的特性，在科学实践与传统文化方面进行有效融合，从而深入推进“中草药进校园”工作，弘扬中医国粹，宣传中医药文化知识，贯彻落实东城区“文化传承 2030”工程，进而打造成东城区科技教育领域中新的品牌科普活动。

周心悦　马亮

2018 年 10 月

扫码分享你的画作
专业科普作者来点评

# 目 录

# 全草类

# 蒲公英

北京市东城区定安里小学

小 画 家：陈紫萱

指导老师：陈　欣

## 植物名片

别　　称：婆婆丁、姑姑英、黄花草、蒲公丁

入药部位：带根全草

为菊科多年生草本植物，根呈圆锥状，多弯曲；表面棕褐色，抽皱。

叶基生，多皱缩破碎，完整叶片呈倒披针形，叶边缘具齿，羽状深裂，叶柄及主脉常带红褐色。

花茎一至数条，每条顶生头状花序，总苞片多层，内面一层较长，花冠黄褐色或淡黄白色。有的可见多数具白色冠毛的长椭圆形瘦果。气微，味微苦。

## 医小壶故事

早春，蒲公英嫩绿的幼芽破土而出，接着长出丛生的倒披针形的叶片。叶片葱绿，有锯齿形边缘，折断茎叶可见白色的汁液渗出。后来从羽叶间抽出一支中空细长的花梗，顶上开出一朵深黄色的小花。有人这样来描绘蒲公英种子的飞逝：“你

听过蒲公英梳头的声音吗？蒲公英有一蓬金黄色的头发，当起风的时候，头发互相轻触着，像磨砂纸那样沙沙地一阵细响，转眼间，她的头发，全被风儿梳掉了！”更有人用谜语来描绘它：“小小伞兵随风飞，飞到东来飞到西，降落路边田野里，安家落户扎根基。”

## 主要作用

功　　效：清热解毒，消肿散结，利尿通淋。

主　　治：1. 蒲公英长于清热解毒；

2. 蒲公英还能治疗疔疮肿毒；

3. 蒲公英有良好的抗感染作用，广泛应用于临床各科多种感染性炎症，堪称中药中的“广谱抗生素”；

4. 蒲公英有清泻胃火的作用，少量食用还有健胃作用，与橘皮等治消化不良。

在你家或学校附近的空地上找一株蒲公英，把它贴在这一页做成标本吧！

# 紫花地丁

北京市东城区定安里小学

小 画 家：吕思琪

指导老师：陈　欣

## 植物名片

别　　称：紫地丁、兔耳草、辽堇菜

入药部位：带根全草

紫花地丁为堇菜科植物，多年生草本。主根长圆锥形，淡黄褐色，有细纵皱纹。

叶基生，灰绿色，展平后叶片呈披针形或卵状披针形。

花茎纤细，花瓣五，紫色或淡紫色，喉部色较淡并带有紫色条纹，花瓣倒卵形或长圆状倒卵形，侧方花瓣长。

蒴果椭圆形或三裂，种子多数，淡棕色。气微，味微苦而稍黏。

## 医小壶故事

小朋友们一定听说过桃园三结义的故事。刘备、关羽、张飞结拜为异姓兄弟，誓约“不求同年同月同日生，但求同年同月同日死”。三人忠肝义胆，纵横天下，匡扶汉室，他们的重情重义，更为后人所传唱。那你们听说过两个结义乞丐的故事吗？这个故事便与紫花地丁有关。

从前，有两个叫花子，二人都是举目无亲，经常结伴沿着村镇行走，去每家每户要点饭食。二人每天一同吃，一同住，一同说话解闷，互相帮扶着，白天乞讨，晚上同宿于破庙中，渐渐就像亲人一般，于是便结拜为义兄弟。

一天，义弟手指突发疔疮，疼痛难忍，疔疮红肿发亮，眼看就要扩散开。义兄得知，急得像热锅上的蚂蚁，心想若不及时就医，手指会有烂掉的危险。他急忙带义弟出门寻医。离他们的破庙不远，有座东阳镇，那里有一家“济生堂”药铺，既治病又卖药，店里有一种治疗疔疮的药膏。可是到了药铺一问，掌柜的见是叫花子讨药，就打发了他们几个铜钱，将兄弟二人拒之门外。

无奈之下，俩弟兄离开了东阳镇。义弟疔疮已深，疼痛难忍，他们来到一片山坡地，准备歇息片刻。这时，太阳快落山了，满天霞光照在山坡上，就在他们休息的地方，有一种紫草花在夕阳下熠熠生辉。义兄心中愁苦，顺手掐了几朵放在嘴里嚼了嚼，竟然苦丝丝的，便又吐在手心里。义弟手指头难受，不住唏嘘喊疼。义兄心中不忍，忽而想起在济生堂门前，瞥见大夫治疗疔疮时，是将一种糊糊状的药泥涂抹在疮口上。他转念便将刚刚吐出来的花瓣糊糊，涂抹在义弟的疔疮上。一开始，义弟依旧喊疼不已，没想到过了一会儿，他的手指头感觉凉飕飕的，竟比刚才舒服许多。又过了一个时辰，义弟的手指头不痛了。二人兴高采烈，又采了一些这种紫花带回庙中。

二人回到破庙里，将紫花捣烂，糊在疔疮上，又用紫花煮了些汤水。义弟喝了汤水，安安静静地睡了一夜。第二天早晨，疔疮的肿痛消去许多。过了两天后，疔疮竟奇迹般的完全好了。兄弟二人不知紫花是何名，看这种花草秸梗笔直，像一根铁钉，顶头开几朵紫花，就像一簇簇扎在泥土里的钉子，于是为它们形象地取名叫“紫花地丁”。

## 主要作用

功　　效：清热解毒、凉血消肿。

主　　治：1. 治疗痈疽发背；

2. 治疗疔疮肿毒；

3. 治疗丹毒；

4. 治疗毒蛇咬伤。

# 薄荷

北京市东城区青少年科技馆

小 画 家：贺佳玥

指导老师：栾昊颖

## 植物名片

别　　称：银丹草

入药部位：茎叶

茎呈方柱形，有对生分枝。表面紫棕色或淡绿色，棱角处具茸毛，多分枝。

叶对生，叶片长圆状，先端锐尖，基部楔形至近圆形，叶片皱缩卷曲。揉搓后有特殊清凉香气，味辛凉。

花冠淡紫，长 4 毫米，外面略被微柔毛，内面在喉部以下被微柔毛，冠檐四裂，上唇二浅裂，下唇三浅裂，长圆形，先端钝顶。

## 医小壶故事

古希腊神话中的冥王叫作哈迪斯（Hades），是海神波塞冬和众神之王宙斯的哥哥。

有一天，冥王哈迪斯来到人间，漫步中突然看见一位美丽的精灵曼莎。冥王一见钟情，深深地爱上了她，但这件事却被妻子珀耳塞福涅给发现了。珀耳塞福涅勃然大怒，想要为自己所受的侮辱讨回公道。于是她找到了曼莎，运用法术把曼莎变成了无用的杂草。然而曼莎虽然变成了草，却依然美丽如初，散发着清新的芳香。

这种出现在古希腊神话中的植物，便是我们常说的薄荷。在拉丁语中，薄荷属便读作“曼莎”。薄荷的传说给世人以警示：爱不是随意为之，而应以忠诚、坚贞为基石，否则会深深伤害到你爱的人。所以希腊人有一种说法，放两片薄荷叶子在眼中间，可以让人头脑清醒，保持眼清目明。

## 主要作用

功　　效：宣散风热，清头目，透疹。

主　　治：1. 预防中暑；

2. 治疗夏季痱子、疔疮；

3. 治疗风热感冒、咽喉肿痛；

4. 治疗头痛、目赤；

5. 治疗风疹、麻疹。

查找你身边的点心、糖果等，把有薄荷或者薄荷味道的东西都记录下来！

# 平车前

北京市东城区精忠街小学

小 画 家：彭青宜

指导老师：李惠红

## 植物名片

别　　称：车前草、蛤蟆叶

入药部位：全草入药

为车前科一年生或二年生草本。根丛生，须状。

叶基生，具长柄；叶片皱缩，卵形或椭圆形，先端尖或钝，展平后呈卵状椭圆形或宽卵形；基部狭窄成长柄，全缘或呈不规则波状浅齿。

穗状花序数条，花茎长。花梗数个，具棱角，有疏毛。花淡绿色，花冠小，胶质，花冠管卵形。

蒴果盖裂，萼宿存。气微香，味微苦。

## 医小壶故事

你知道“大禹治水”的故事吗？上古时期，中原深受洪水侵扰，舜帝派禹治水，禹采用疏导的方法成功治理水患。然而又过了几年，江西遭逢洪涝，老百姓的田地被淹没，房屋被冲倒，无家可归。舜帝知情后，请禹再次前去治水。这一回，禹带上了他的助手伯益一同前往江西治水。他们再次采用疏导法，疏通赣江。治水的工程庞大，修到吉安一带时已经过了一年有余。

这一年的夏天是个旱年，已经好几个月没下雨了。炎热的天气，使工人们头昏发热，加之一天下来也喝不上一口水，渐渐地尿液都呈赤红色，这样病倒的人不计其数。大批的工人们身体抱恙，严重影响了治水工程的进展。禹知道后，带医师前往工地诊治，仍无济于事，急得禹和伯益在帐篷前来回踱步，坐立不安。

一天，一位老汉捧了一把草要见禹和伯益，禹请老汉入帐，询问来由，老汉说："我是喂马的马夫，我看到马群中有一些马匹这些天饮食都很好，撒的尿清澈明亮；而有一些马匹却不吃不喝，撒尿短赤，和那些病倒的工人们一个样。我就寻找原因，原来那些健康的马，经常吃长在马车前的这种草。于是，我就扯了些这种草喂那些生病的马，没想到第二天，那些生病的马全好了。我又试着用这种草熬成水给一些患病的工人们喝，结果他们的病也好了。"禹和伯益听后十分高兴，急忙命手下们都去扯这种草来治病。那些患病的人们喝了这种草熬成的水后，不到两天就都痊愈了。

后来，禹和伯益为了记住这种草，想到它最初是因为生长在马车前面才被马吃掉，因此被发现效用的，于是就将这种草称作"车前草"，学名叫作"平车前"。

## 主要作用

功　　效：清热利尿，明目，祛痰，解毒。

主　　治：1. 治疗水肿尿少，小便不通；

2. 治疗吐血、尿血；

3. 治疗腹泻，痰热咳嗽；

4. 治疗眼睛红肿疼痛，痈肿疮毒。

# 马齿苋

北京市东城区精忠街小学
小 画 家：周子佳
指导老师：李惠红

## 植物名片

别　　称：马苋、五行草、五方草、长寿菜

入药部位：全草入药

为马齿苋科，一年生草本，多皱缩卷曲，常结成团。

茎圆柱形，表面黄褐色，全株匍匐无毛，有明显纵沟纹。

叶对生或互生，易破碎，完整叶片倒卵形。叶柄极短，叶片肥厚，正面深绿，背面暗红，夏季开黄花，黑籽白根。

蒴果圆锥形，内含多数细小种子。气微，味微酸。

## 医小壶故事

“童养媳”是封建社会落后思想下的产物。童养媳通常在很小的时候就被卖到婆家作小媳妇，等到“丈夫”长大或者自己长大后，再被迫结婚生子。而往往在“待嫁”期间，童养媳会被当作丫鬟、奴婢一样使唤，做牛做马，干的都是苦活累活，十分凄惨。马齿苋的故事就与一位童养媳有关。

古时候，有一个大户人家，家里有三个儿子，大儿子和二儿子都娶了媳妇，三儿子年幼，家里便给他买了个童养媳。童养媳名叫阿花，年仅12岁，身体瘦弱，家里的苦活累活全都落在她一个人头上。她整天吃剩的、穿破的不说，稍有差错，婆婆就打骂她。家里的大嫂为人奸诈刁钻，常在婆婆和阿花中间搬弄是非，挑唆婆婆平白无故地打骂阿花，她自己则在旁边看笑话。阿花有话没处说，只有把苦水往肚里咽。不过，为人忠厚善良的二嫂看在眼里，疼在心上，经常或多或少地帮助阿花，遇上她挨打受气，就想办法劝慰，遇上苦活累活也帮着做一些。阿花感激二嫂的照拂，暗暗下决心要回报二嫂。

过了几年，村里突然流行起痢疾，半个月就死了许多人。童养媳不幸也感染上了，成天腹泻不止。大嫂十分恐慌，担心自己也被传染，就对婆婆说："阿花这个死丫头不能干活了，还留她做什么？她现在又得了痢疾，万一把全家都传染上了，后悔也来不及，不如趁早把她赶出去！"婆婆一听，觉得有理，可是一想，把阿花赶出家门毕竟对自家名声不好，不如把她赶到菜园子去住吧。

阿花只得搬到了菜园子的小屋里。几天过去了，没有人敢给她送饭，她饿得实在受不了，又不敢偷吃园子里的菜，便四处寻找野菜吃。这日，她看见田地里有一种野菜长得很多，便摘了些用锅煮了，连汤一起吃了。就这样垫着吃了四五天，没想到痢疾竟然渐渐止住了，身上也慢慢有了力气。于是阿花收拾行李，又跑回了家，可是一进家门，只见丈夫正披麻戴孝。一问得知，原来婆婆和大嫂都因感染了痢疾病死了，连二嫂也感染上了，此刻正躺在床上。阿花听说二嫂也病了，便急忙返回园子，挖了半篮子之前吃的那种野菜。回到家，她用清水煮好后，喂给二嫂吃。就这样连续吃了四天，二嫂的痢疾也治好了。

这件事马上在村里传开了，村民们纷纷挖这种野菜给得了痢疾的患者吃，果然都一一得救。但人们都不知道这种野菜叫什么名字，只见它长得像马的牙齿，于是大家就把它叫“马齿苋”。从此以后，一传十，十传百，人们都知道这种长得像马的牙齿的马齿苋，是能治拉肚子的良药。

## 主要作用

功　　效：清热解毒，凉血止血。

主　　治：1. 用于热毒血痢，治疗肠炎；

2. 急性关节炎；

3. 膀胱炎、尿道炎、肛门炎；

4. 痈肿疔疮，痔疮出血等。

# 灯心草

北京光明小学

小 画 家：张佳慧

指导老师：李 妮

## 植物名片

别　　称：水灯心、灯草、虎须草

入药部位：茎髓

为灯心草科，多年水生草本，根茎横走，茎簇生，直立，细柱形，内有乳白色髓。

叶鞘红褐色或淡黄色，叶片退化呈刺芒状。

腋生或顶生的聚伞花序或圆锥花序，密集或疏散，花淡绿色，具短柄，花被片六，条状披针形，排列为二轮，外轮稍长，边缘膜质，背面被柔毛。

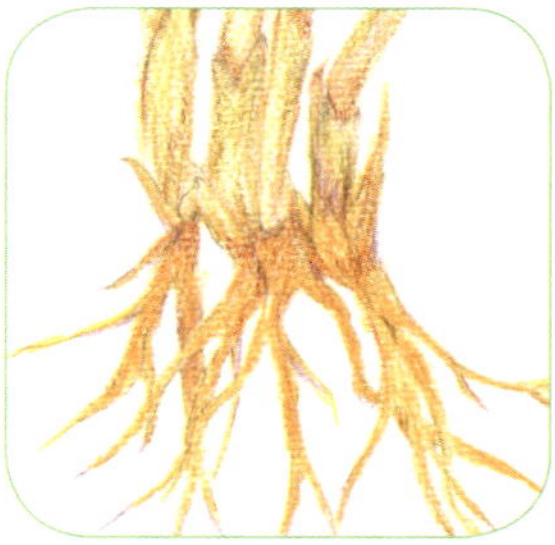

## 医小壶故事

明朝年间，朱元璋义子沐英受封镇守云南，在当地设学校、垦田地、发展商业、开发盐井，从此让云南一带百姓安居乐业，沐氏家族也自此世代经营于西南边陲。传到后世时，有位名叫沐定的农妇，住在会泽县鲁机村，是沐国公的后代，丈夫姓李，是个精明能干的农人。

夫妻二人踏实勤劳，但朝廷租税太重，生活也不怎么好过。沐定生性聪敏，智慧过人，为人耿直，处事细心，她办理一件事情，总能想出来好几种办法。

一天，沐定摘了一些茎杆圆直且细长的水生野草，想编个小绣球。她将水草剥开以后，发现里面居然有一根柔软细白的草芯。她想，这白生生、软乎乎的东西，用作灯芯一定很好。于是她又采摘了些这种圆直的水草，剥出了一根根细柔雪白的草芯来。没想到，这草芯最易燃烧，放在灯盏里作灯芯，比用棉线条点灯还要好得多，既轻便又省油，烧出来的灯光明亮，油烟也小。于是沐定夫妇经常剥一些草芯做成灯芯去市集上卖，慢慢地也就把这种草芯推广开来了，大家都把它叫作灯心草。

有一年，因过度劳累，沐定病倒了，经常口干口渴，小解时也有刺痛感。一次剥灯心草的时候，由于口渴得厉害，她便顺手舀了一碗泡灯心草的水喝，一下子觉得口干缓解了许多。于是她便开始尝试着用灯心草泡水喝，不久后，小便涩痛感也好了许多。于是中药中就多了一味“灯心草”。

## 主要作用

功　　效：清心降火，利尿通淋。

主　　治：1. 治疗小便不通，水肿；

2. 治疗心烦失眠，小儿热性惊厥；

3. 治疗口舌生疮。

你觉得关于灯心草，还有什么有趣的传说呢？你也试着写一个。

# 益母草

北京市东城区东四九条小学
小 画 家：尹妙绪
指导老师：苗　青

## 植物名片

别　　称：茺蔚、坤草、益母、云母草

入药部位：地上部分

为唇形科、益母草属植物，一年或二年生草本。

茎表面灰绿色或黄绿色，断面中部有髓。茎下部叶轮廓为卵形，基部宽楔形，掌状三裂，裂片呈长圆状菱形至卵圆形，裂片上再分裂，正面绿色，有糙伏毛。

叶片灰绿色，多皱缩、破碎，易脱落。叶脉稍下陷，背面淡绿色，叶脉突出，叶柄纤细。

花序最上部的苞叶近于无柄，线形或线状披针形，全缘或具稀少齿。轮伞花序腋生，小花淡紫色，花萼筒状，花冠二唇形。

## 医小壶故事

很久很久以前，在中原伊洛河畔的一个小山村中，有一个名叫茺蔚的小孩，他的母亲在生他时得了“月子病”，也就是生完孩子坐月子时落下的病，久治不愈。多年之后，母亲身体越来越虚，竟至卧床不起。小茺蔚懂事之后，伺候在母亲的床前床后，端饭送水，非常孝顺。眼看着母亲的病越来越重，他就暗下决心，一定要把母亲的病治好。

一天，茺蔚收拾好行李，开始外出为母亲问病求药。他沿着伊洛河走啊走啊，逢人便问，见草就挖，也没找到能治好母亲疾病的神医良药。晚上，他借宿在一座白庙里，庙内的老僧与他攀谈许久，了解到他的孝心，见他救母心切，便送了他四句诗，让他去找一种能治母亲疾病的草药。

诗云："草茎方方似黄麻，花生节间节生花，三棱黑子叶似艾，能医母疾效可夸。"

小茺蔚默默背下，便顺着河岸找了起来。功夫不负有心人，他终于找到了一种茎呈四方形，节间开满紫红色小花，结有黑色三棱形小果实的植物。他欣喜地跑回家，将这些药草做成汤药喂给母亲服用。过了不久，母亲多年的顽疾果然痊愈了。

小茺蔚又把这种药草介绍给其他患月子病的妇女们，也都收到了很好的疗效。由于这种草是茺蔚为医治母亲的病而找到的，且又益于妇女，于是人们就把它取名为"益母草"，它的种子就称为"茺蔚子"了。

## 主要作用

功　　效：活血调经，利尿消肿。

主　　治：1. 益母草为中医治疗妇科疾病的重要药物。用于月经不调，痛经，经闭等；

2. 治疗小便不畅，水肿尿少。

# 板蓝根

北京市东城区东四九条小学

小 画 家：赵芷谊

指导老师：苗 青

## 植物名片

别　　称：靛青根、蓝靛根

入药部位：根及叶

板蓝根为十字花科，二年生草本植物。主根深长，呈圆柱形，稍扭曲。根头略膨大，可见暗绿色或暗棕色轮状排列的叶柄残基和密集的疣状突起。体实，质略软，断面皮部黄白色，木部黄色。

茎直立，叶互生，具柄，叶片长圆状椭圆形；在下部的叶较大，越往上越小，先端钝尖，基部箭形，全缘或有不明显的细锯齿。

总状花序，花小，无苞，花梗细长。

## 医小壶故事

大家看《西游记》都知道里面有个东海龙王，还有个南海龙王，他们都是海里的神仙，能为人们带来雨水。这天，东海龙王和南海龙王在天宫里向玉帝述职，也就是交代自己一年里都做了些什么，人间有什么情况，雨水是否充足之类的内容。二仙述职完后，在返回龙宫的路上，忽然看见人间有一处地域尸首遍野。二仙又惊又疑，向那里的土地爷一打听，原来是瘟疫造成的。

两位龙王着急了，连忙回到龙宫商量对策。宅心仁厚的南海青金龙主动请缨，发誓不除掉瘟疫决不回龙宫。东海龙王听后十分高兴，便问东海龙宫中何人愿意同往。只见东海龙王的小龙孙紫银龙，蹦蹦跳跳来到老龙王面前，硬要龙王爷爷答应他随青金龙叔叔到人间去。东海龙王答应了，派他与青金龙一同前去除灭瘟疫。

于是，青金龙和紫银龙辞别两位龙王，先到药王菩萨那里取了药种子，接着扮作郎中模样，来到了人间。两叔侄将药种遍地撒播，又教当地的人们细心料理药苗。不久，药苗发芽，茁壮成长，长得像湖边的芦苇一样茂盛。两叔侄教人们用这种药苗的根，煎水给患者服用。没过多久，在这种神药的神奇疗效下，患者们一个个迅速康复了。

瘟疫渐渐平息，人间无论男女老少，都把青金龙和紫银龙化作的郎中奉若神灵、待若上宾。叔侄俩深受感动，决定永留人间，防治瘟疫。转眼到了八月十五，晚上，叔侄俩来到海边，双膝跪地，叩谢两龙王的养育之恩。然后他们携手化入海边的神药丛里，变成了两棵神药药苗。人们知道这药苗是青金龙和紫银龙叔侄俩变的，便把它叫作“龙根”。后世医家们著书时把它改称为“板蓝根”。

## 主要作用

功　　效：清热解毒，凉血利咽。

主　　治：1. 头面红肿疼痛；

2. 热毒疮痈；

3. 咽喉不适；

4. 预防感冒。

板蓝根是家中常备的感冒冲剂，请爸爸或妈妈帮忙找一包板蓝根冲剂，记录下它的注意事项。需要特别注意的是：药品可是不能随便乱吃的哦！

# 种子类

# 酸枣仁

北京光明小学

小 画 家：柳雅欣

指导老师：李 妮

## 植物名片

别　　称：枣仁、酸枣核

入药部位：成熟种子

为鼠李科灌木。叶互生，长椭圆形至簇状披针形，一面较平坦，中间有一条隆起的纵线纹；另一面稍凸起。先端钝，边缘有细锯齿。

花黄绿色，常 2—3 朵簇生于叶腋。核果小，长圆形或近圆形，暗红色，味酸，果核两端常为钝头。表面紫红色或紫褐色，平滑有光泽。

## 医小壶故事

大家知道“药王”是谁吗？他就是唐代著名的医药学家孙思邈。孙思邈出生于一个贫困家庭，行医期间备受百姓的爱戴。他十分重视在民间的医诊经验，并将其整理成册，著成了流传千古的中医名著《千金要方》。

唐代永淳年间，孙思邈行医来到京城，住在相国寺。寺里有位和尚名叫允惠，患了癫狂症，经常言语无常，狂呼奔走。寺里的僧人照顾他，给他服遍了各种汤药，都不见起效。

允惠的哥哥潘某与孙思邈是至交，于是恳请孙思邈设法为弟弟治疗。孙思邈详询病情，细察苔脉后说道："令弟今夜睡着，明日醒来便愈。"潘某听罢，大喜过望。孙思邈接着吩咐说："先取些吃食给允惠小师父，待其口渴时再来叫我。"

到了傍晚时分，允惠口渴难耐，想要喝水。家人赶紧报知孙思邈，孙思邈取出一包药粉，调入约半斤白酒中，让允惠服下，并让潘某安排允惠住进一间僻静的房间。不多时，允惠便昏昏入睡。孙思邈再三嘱咐寺内僧人，不要吵醒病人，待其自然醒来即痊愈。

就这样一直睡到次日半夜，允惠醒了过来，神志已完全清醒，癫狂痊愈。允惠家人重谢孙思邈，并询问治愈的道理。孙思邈回答说："此病是用朱砂、酸枣仁、乳香治之，即取辰砂一两，酸枣仁及乳香各半两，研末，调酒服下，以微醉为度，服毕令卧睡，病轻者，半日至一日便醒，病重者二三日方觉，须其自醒，病必能愈，若受惊而醒，则不可能再治了。昔日吴正肃，也曾患此疾，服此一剂，竟睡了五日才醒，醒来后病也好了。"这一巧治癫狂症的办法，便是取酸枣仁有安神的功效。

## 主要作用

功　　效：宁心安神，养肝，敛汗，生津。

主　　治：1. 失眠；

2. 心悸；

3. 体虚出汗。

# 苍耳子

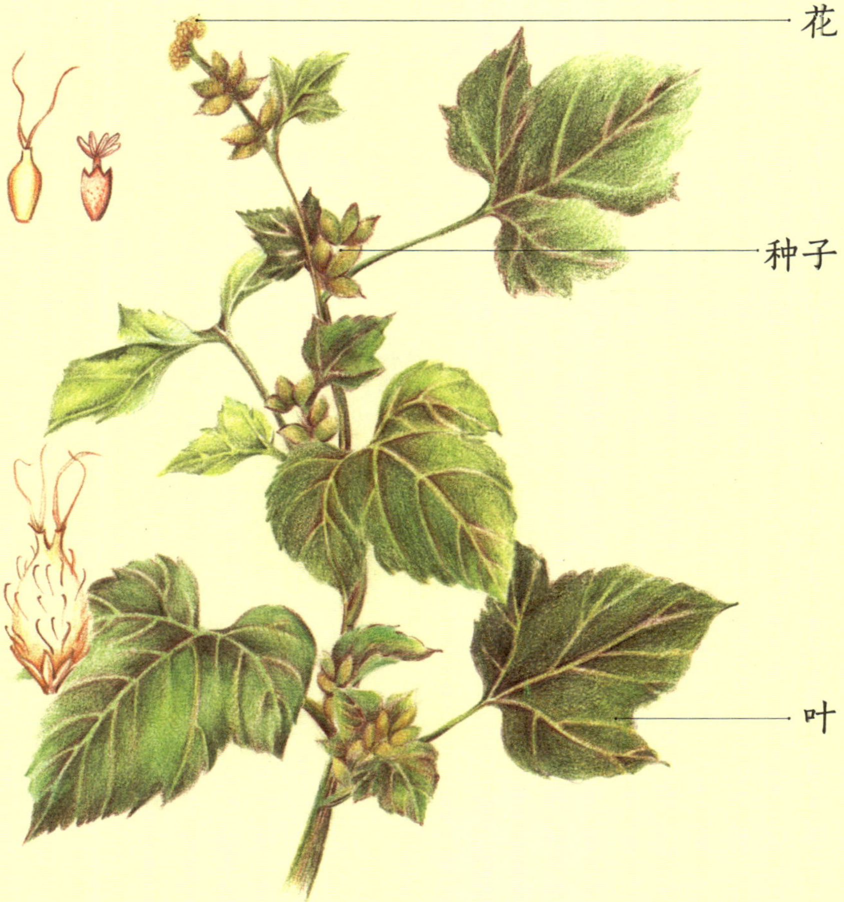


北京市东城区东四七条小学

小 画 家：常馨元

指导老师：李宝莉

## 植物名片

别　　称：胡苍子、苍子、苍郎种

入药部位：果实

菊科植物，一年生草本。全体有勾刺，顶端有二枚较粗的刺，分离或相连，基部有果梗痕。根纺锤状。

茎直立，下部圆柱形，上部有纵沟，被灰白糙伏毛。叶互生，有长柄，叶片三角状卵形或心形，全缘或有 3—5 不明显浅裂，先尖后钝，正面绿色，背面苍白色，被粗糙或短白伏毛。

头状花序近于无柄，聚生，雌雄异花同株。成熟具瘦果的总苞变坚硬，卵形或椭圆形，绿色、淡黄色或红褐色具毛，具刺。

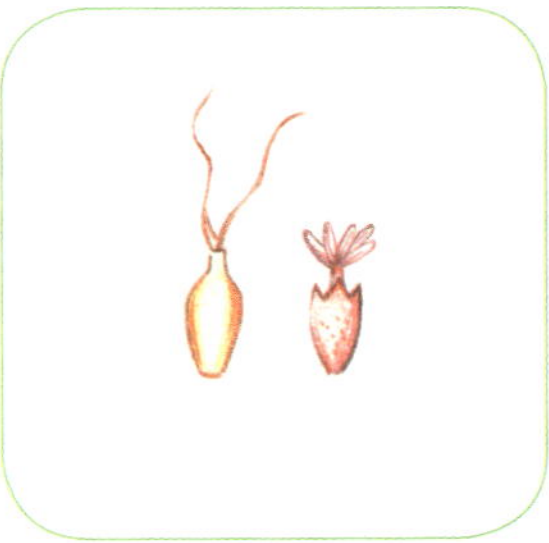

## 医小壶故事

古时候的人，敬先祖，敬神明，也敬对自己有大恩的人或事物。明朝年间，黄河两岸各有一村，分别叫河东村与河西村。

两村居然有一个同样的习俗：每当一年的新粮食收获后，每家尝新米时，第一碗敬给狗吃，第二碗敬神，然后才是家里人吃。这是为什么呢？

传说早先河西村的人都患有一种鼻病，症状为鼻塞和多涕。鼻塞的特征一是间歇性，白天劳动干活时，鼻塞减轻，晚上歇息了便开始犯病，天气寒冷时更加严重；二是交替性，睡觉的时候侧卧，居下侧的鼻腔经常阻塞，居上侧的鼻腔却是畅通的。多涕，就是经常流鼻涕，躺下后，鼻涕流入咽喉，不明病理的人误以为是痰多。此外，患者还会经常头痛头昏。

村里有个郎中，他对村民们说，这种病俗称“囔囔鼻”，可用苍耳子医治，但偏偏村里没有苍耳子这味中药。这可怎么办呢？有人想出了一个主意，用狗去寻药采药。于是全村养了狗的人家都把自己家的狗牵出来，闻闻郎中手里的苍耳子，接着就放它们前去寻找了。后来，采药的狗都回到了村子，带回了不少的苍耳子。两个村子的“囔囔鼻”，就凭借狗狗们采回的苍耳子治好了。久而久之，人们为了感谢狗的大恩，便形成新米先敬狗的习俗。

事实上，村民们的这种鼻病，用今天西医的说法，是患了慢性单纯性鼻炎。治这种病，民间单用苍耳子或苍耳草煎汤内服是很有效的。但苍耳子和苍耳草都有小毒，过量服用会损害肾脏。

## 主要作用

功　　效：散风寒，通鼻窍，祛风湿，止头痛。

主　　治：1. 风寒感冒；

2. 鼻渊；

3. 风湿关节痛；

4. 风疹瘙痒。

# 杏仁

北京市东城区东四七条小学

小 画 家：宋欣宜

指导老师：王 丹

## 植物名片

别　　称：苦杏仁、杏梅仁、杏子、木落子

入药部位：成熟种子

蔷薇科。杏仁果表面黄棕色至深棕色，一端尖，另端钝圆，肥厚，左右不对称。当果实成熟时，它绿色的外壳会裂开，而显露出包在粗糙外壳中的核仁。核仁表面呈黄色且有很多小洞，外壳为坚硬的木质。

## 医小壶故事

“杏林”一词是中医里的常用词语，中医医生总会以“杏林中人”自居。“杏林”一词之所以成为中医的代表，便是出自东汉末年三国名医董奉的一则故事。

三国时期，吴国人董奉隐居庐山，整日给人治病，不收取分文医钱。但是他有个特别的要求，凡是来求医问诊又被治愈的人，重症患者痊愈后要为他植杏树五株；病症轻的患者要为他植杏树一株。

于是日长月久，数年里累计已植有杏树十万余株，郁然成林，于是他便自号“董仙杏林”。卖杏的钱一部分作为衣食之用，剩下的部分用来接济贫困。久而久之，人们便流传有“杏林春满”“誉满杏林”的赞颂，后世也以“杏林春满”称颂医家，“杏林”也成了中医的代名词。

## 主要作用

功　　效：祛痰止咳，平喘，润肠通便。

主　　治：1. 外感咳嗽；

2. 食滞脘痛；

3. 肠燥便秘；

4. 胸满痰多。

杏仁是老百姓常吃的炒货之一，你还知道哪些炒货呢？在下面的圆圈里，写一写或画一画吧！

# 决明子

北京市东城区灯市口小学

小 画 家：王婉佳

指导老师：王立军

## 植物名片

别　　称：假绿豆、草决明

入药部位：成熟种子

为豆科一年生草本植物。决明子呈四方形或短圆柱形，两端近平行，稍倾斜。表面绿棕色或暗棕色，平滑有光泽，背腹面各有一条突起的棱线，棱线两侧各有一条淡黄色的线形凹纹。质坚硬，不易破碎。横切面可见薄的种皮和二片三形折曲的黄色子叶。气微，味微苦。

## 医小壶故事

在很久以前，有个老秀才，得了眼病，看东西模模糊糊，走路需要拄拐杖慢慢摸索着行走，人们都叫他“瞎秀才”。

这天，一个南方来的贩药商人从老秀才的门前经过，看见门前有几株野草，就问这几株草苗卖不卖？老秀才一听，觉得蹊跷，便反问道：“那么，你能给多少钱呢？”药商说：“你出多少钱，我就给多少钱。”老秀才心想：看来这几棵草苗肯定值钱，自己不懂行情，万一说便宜了可不行，于是便不打算卖了。老秀才回答说：“俺不卖。”药商见老秀才一口回绝，便悻悻地走开了。

又过了几日，南方药商又来了，还是要买那几株草。老秀才门前的草已经长到三尺多高，茎上结满了金黄色的小花，老秀才见药商又来买，更觉得这草有价值，不然为何坚持要买？于是老秀才还是没有卖。

到了秋天，这几株野草结了许多菱形、灰绿色、有光亮的草籽。老秀才一闻草籽的味道挺香，觉得准是好药，就收集了些草籽到一处，每天取出一点用它泡水喝。就这么开始每天喝一些，没想到日子一长，眼病渐渐好了，看东西也清晰了，走路也不拄拐杖了。

又过了一个月，药商第三次来买野草。他发现老秀才门前的野草不见了，于是便问老秀才：“门前的那些野草被你卖了？”“没有。”老秀才就把野草籽能治眼病的事说了一遍。药商听后笑道：“果当如此，这草籽是一味良药，不然我怎么会三次跑来想要买下它！”药商向老秀才解释，这种草籽有明目的作用，常年泡水喝能有奇效。老秀才心满意得，决定把这种草叫作“决明子”，因为它能让眼睛明亮，治各种眼病。

此后，老秀才常用决明子泡水当茶喝，一直到80多岁还眼明体健。他曾吟诗一首：“愚翁八十目不瞑，日数蝇头夜点星。并非生得好眼力，只缘长年饮决明。”

## 主要作用

功　　效：清肝明目，润肠通便。

主　　治：1. 高血压、头痛、眩晕；

2. 急性结膜炎、角膜溃疡、青光眼；

3. 用其叶泡茶，中老年人长期饮用，可使血压正常，大便通畅。

# 牵牛子

北京市东城区美术馆后街小学

小 画 家：吴至秣

指导老师：叶 嵘

## 植物名片

别　　称：黑丑、白丑、二丑

入药部位：成熟种子

旋花科牵牛属，一年生草质藤本植物。牵牛子表面灰黑色或淡黄白色，背面有一条浅纵沟，腹面棱线的下端有一点状种脐，微凹。质硬，微显油性。无臭，味苦，有麻感。

叶宽卵形或近圆形，基部圆，心形，中裂片长圆形或卵圆形，渐尖或骤尖，侧裂片较短，三角形，裂口锐或圆，叶面或疏或密被微硬的柔毛。

花腋生，单一或通常两朵着生于花序梗顶，花序梗毛被同茎；苞片线形或叶状，被微硬毛。

蒴果近球形，直径 0.8—1.3 厘米，三瓣裂。种子卵状三菱形，长约 6 毫米，黑褐色或米黄色，被褐色短绒毛。

## 医小壶故事

你一定知道牵牛花，它们盛开的时候像一个个小喇叭。牵牛花的种子是中药里的一味药材，名叫“牵牛子”。关于牵牛子药名的由来，有一个特别有趣的故事。

相传，有一户家徒四壁、吃不上饭的人家，父母把小孩卖到一个地主家里去放牛。有一年秋天，小孩突然腹部肿胀，大得像一个皮鼓，浑身的皮肤变得蜡黄，本来就营养不良的身体更加枯瘦如柴。地主眼见如此，便狠心地将他赶了出去。

小孩行走无力，又痛苦又饥饿，倒在一簇蔓草丛中沉沉睡去。小孩一觉醒来后，肚子更饿了，瞧见身旁草丛中长有小果子，便摘了些剥开壳吃了。没想到没过多久，小孩的肚子“咕咕”直叫，于是找了个地方排泄了一通，顿时感到腹胀大减。第二天，病情完全消失了。

小孩又返回地主家放牛，为感激这种药草的救命之恩，他牵着牛回到那簇草丛，向这丛药草叩头跪拜。后来，世人将其入药，名曰：牵牛子。

## 主要作用

功　　效：泻水通便，杀虫攻积，消痰涤饮。

主　　治：1. 治疗水肿胀满；

2. 大小便不畅，痰饮积聚；

3. 虫积腹痛，蛔虫病，绦虫病。

请在空白页画一朵牵牛花，或写一首关于牵牛花的小诗。

# 车前子

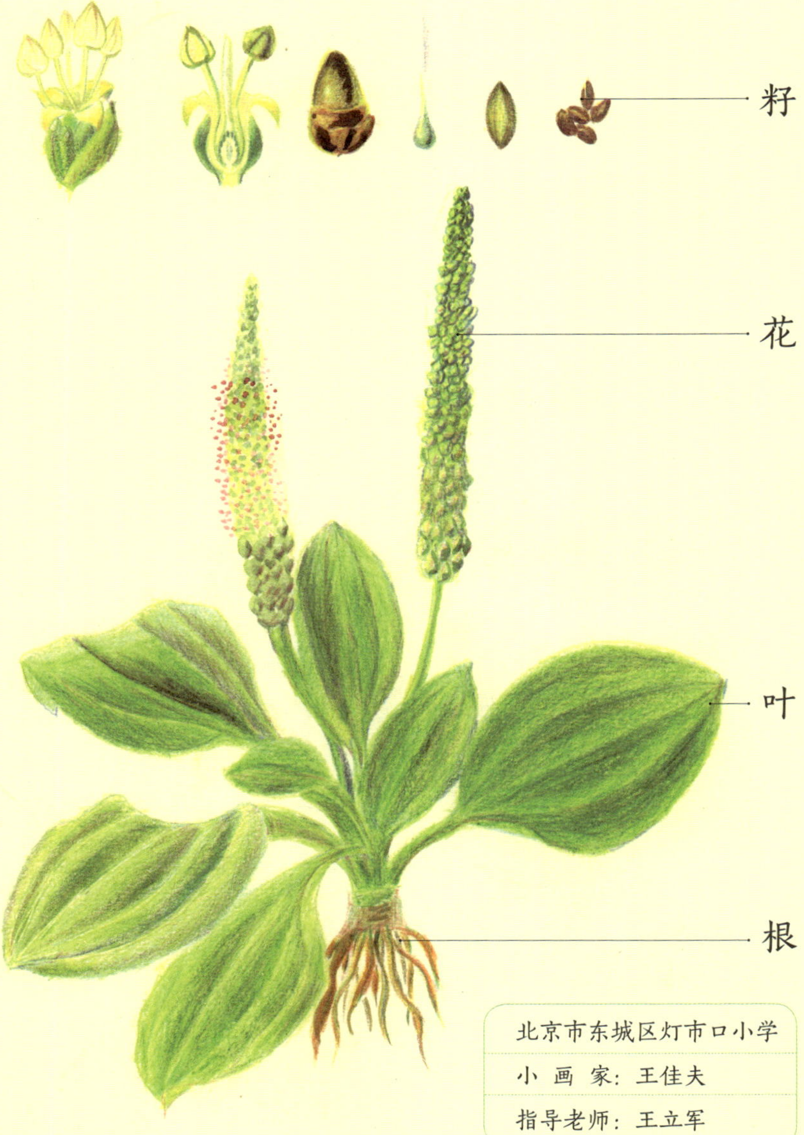


北京市东城区灯市口小学
小 画 家：王佳夫
指导老师：王立军

## 植物名片

别　　称：车前实、猪耳朵穗子

入药部位：成熟种子

为车前科二年生或多年生草本植物，叶基生，具长柄，几乎与叶片等长或长于叶片，基部扩大；叶片卵形或椭圆形，先端尖或钝，基部狭窄成长柄，全缘或呈不规则波状浅齿。

花梗数个，具棱角，有疏毛，穗状花序。

蒴果纺锤状卵形、卵球形或圆锥状卵形。种子卵状椭圆形或椭圆形。

## 医小壶故事

你一定经常听到一句“醉翁之意不在酒”，这句话是出自北宋的大文学家欧阳修的笔下。欧阳修又号醉翁，是唐宋八大家之一，被公认为当时的文坛领袖。醉翁本人虽然在朝中做了大官，但生活也如常人一样，有不少有趣的经历和故事。

在《苏沈良方》中记载，有一次欧阳修拉肚子不止，就连宫中请来的太医都束手无策。一天，欧阳修的夫人在市集上买回来一剂药，结果欧阳修吃后很快就痊愈了。后来欧阳修偕夫人一同回到市集，寻找这一剂良方。买药的人告诉他们说，这药剂主要是车前子研成末，同米汤混合制成。清代医药学家赵学敏的《串雅》里记载的“昔欧阳子暴痢几绝，乞药于牛医。”说的就是这个故事。

## 主要作用

功　效：清热利尿，渗湿止泻，明目，祛痰。

主　治：1. 用于治疗水肿胀满，小便不通；

2. 治疗目赤肿痛，痰热咳嗽，平喘；

3. 促进关节囊滑膜结缔组织增生，缓解中老年人膝盖问题。

你觉得关于车前子，还有什么神奇的故事呢？你也试着写写看。

# 花类

# 玫瑰花

北京市东城区和平里第一小学

小 画 家：赵一能

指导老师：田 楠

## 植物名片

别　　称：徘徊花、刺玫花、笔头花

入药部位：花蕾

为蔷薇科植物，花略呈半球形或不规则团状，残留花梗上被细柔毛，花托半球形，与花萼基部合生；萼片五，披针形，黄绿色或棕绿色，被有细柔毛；花瓣多皱缩，展平后宽卵形，呈覆瓦状排列，紫红色，有的黄棕色；体轻，质脆。气芳香浓郁，味微苦涩。

## 医小壶故事

古时候经常有达官贵人家的小姐，与落魄书生投缘相恋的故事。这则故事里的书生与小姐，便因一朵玫瑰花结下了情缘。

从前有位书生名落孙山，老家又被洪水淹了，只能到当地姓张的一个大户人家做工糊口。一年春天，春暖花开，张家小姐与丫鬟在花园里赏花扑蝶。丫鬟拉着小姐，指着准备挑水的书生说：“这是老爷新雇的长工，他平日里常常偷偷看书呢。”张家小姐说：“哦？那我倒要和他聊一聊。”说罢便朝书生走去。等走到书生旁边时，丫鬟说道：“小姐赏花，为何不回避？”书生这才看见小姐和丫鬟，连忙施礼道：“小姐息怒，敝人就走。”丫鬟扑哧一笑，拉住书生说：“且慢，罚你对上对子再走。”小姐说：“红颜小姐。”书生答道：“黑脸长工。”小姐点点头，说：“算你对上了，不过，你需要将上下联再各续九个字。”长工见小姐美丽端庄，耳边插一朵玫瑰，于是脱口对道：“红颜小姐鬓插一枝玫瑰花前站，黑脸长工肩挑两桶清水井边走。”小姐掩口一笑，对丫鬟说：“这一定是个有才气的书生，我要帮他继续读书赶考。”于是在那之后，书生在张家小姐的资助下刻苦读书，终于金榜题名。张家小姐也与书生结为伉俪。

## 主要作用

功　　效：行气解郁，和血，止痛。

主　　治：1. 肝、胃气痛，胸腹胀痛；

2. 跌打损伤伴有淤血肿痛；

3. 月经不调。

你最喜欢什么花呢？为你喜欢的花画几幅肖像吧！

# 番红花

北京市东城区和平里第九小学

小 画 家：侯佳奇

指导老师：张 蕊

## 植物名片

别　　称：藏红花、西红花

入药部位：花柱头

鸢尾科番红花属，多年生草本，本品呈线形，三分枝，暗红色，上部较宽而略扁平，顶端边缘显不整齐的齿状，内侧有一短裂隙，下端有时残留一小段黄色花柱。球茎扁圆球形，外有黄褐色的膜质包被。

叶基生，条形，灰绿色，边缘反卷；叶丛基部包有 4—5 片膜质的鞘状叶。

花茎甚短，不伸出地面；花 1—2 朵，淡蓝色、红紫色或白色，有香味，花柱橙红色，柱头略扁，顶端楔形，有浅齿，子房狭纺锤形。先端边缘具不整齐的齿状，下端为残留的黄色花枝。

体轻，质松软，干燥后质脆易断。以身长，色紫红，滋润而有光泽，黄色花柱少，味辛凉者为佳。

## 医小壶故事

关于番红花的故事在南宋学者顾文荐所著的《船窗夜话》里有这样的记载：

徐家的夫人产后病危，家里人请来名医陆曮为她诊治。等到陆曮赶到徐家，夫人已经快要没有呼吸了，只有胸膛微微发热。陆曮诊断后考虑再三，说："这种病是血闷之病，要迅速买到数十斤番红花方可奏效。"

于是徐家四处收购番红花，终于购齐数十斤。陆曮命下人用一口大锅煮番红花，等到汤水沸腾后倒入三只木桶里，再取来窗格放在木桶上，让徐夫人躺在窗格上用药气熏蒸。熏蒸片刻后等到药汤冷了，就将药汤再加热倒入桶中，如此反复。熏蒸治疗就这样不间断地进行着，过了好一会儿，徐夫人僵硬的手指开始弯曲伸动了。等熏蒸到半天左右的时间，病人终于渐渐苏醒过来，脱离了险境。有人问陆曮，此药为何有如此神效？陆曮回答说："盖以红花活血之故也。"

据记载，在古代埃及，番红花只有贵族阶层才有权使用。当法老的木乃伊下葬时，会穿着用番红花染制的寿衣，以显示其高贵。据说埃及艳后克娄巴特拉的化妆品中，也使用过番红花。早在罗马尼禄王朝时期，番红花便已作为药用，并被视作"护身灵药"。

## 主要作用

功　　效：活血化瘀，散郁开结，止痛。

主　　治：1. 跌打损伤；

2. 疼痛；

3. 凉血解毒；

4. 国外用作镇静、祛风剂。

# 杭白菊

北京市东城区培新小学

小 画 家：贾思琪

指导老师：郭丽娟

## 植物名片

别　　称：甘菊、白菊花、贡菊花、杭菊花

入药部位：头状花序

杭白菊为菊科菊属的多年生草本植物。

茎直立，分枝或不分枝，被柔毛。

叶互生，有短柄，叶片卵形至披针形，羽状浅裂或深裂，基部楔形，背面被白色短柔毛，边缘有粗大锯齿或深裂，基部楔形，有柄。

头状花序单生或数个集生于茎枝顶端，舌状花数层，位于外围，类白色。总苞片碟状多层，外层绿色，条形，边缘膜质，外面被柔毛；舌状花白色、红色、紫色或黄色。花色则有红、黄、白、橙、紫、粉红、暗红等各色。

## 医小壶故事

清朝的乾隆皇帝爱出游是出了名的，光是下江南就有六次。有一年，乾隆皇帝又起驾沿京杭大运河下江南游玩，菊花的故事就这样开始了。

话说乾隆的龙船到了离杭州不远的塘栖武林码头，他传令下去，想上岸游览姑苏风光。谁知，皇后娘娘一路行来，感染风邪，正是头痛、鼻塞、四肢无力，感冒得厉害。乾隆十分着急，连忙命御医看有什么良药可治。随行的御医启奏说：“船上已没有治风邪的药了，只有到了杭州再想办法。”正当大家束手无策之时，一名小太监送茶到此，对乾隆皇帝说：“奴才恰好是此地人，有良药能治皇后娘娘的病。”乾隆心喜，命小太监速速取来。小太监跳上岸去，从田野里采来了几把野菊花，清洗干净后，用滚水一冲，让皇后代茶喝下。

皇后娘娘喝了野菊花冲泡的茶汤后，感觉身体舒服多了，安心睡下。等到第二天起来，发现头不痛，鼻也不塞了，人也恢复了精力。乾隆见皇后的身体恢复了，心中十分高兴，便一个劲儿地夸野菊花是神药。他立即命下人拿来文房四宝，提笔展纸，挥毫写下“武林神菊”四个大字。

从那以后，杭州所产的菊花便成了贡品，指定每年朝贡皇上，声名卓著，畅销海外。自此，杭菊与亳菊、滁菊、怀菊并列为中国“四大名菊”。

## 主要作用

功　　效：疏散风热，平肝明目，清热解毒。

主　　治：1. 风热感冒；

2. 肺热咳嗽；

3. 头晕目眩，目赤肿痛。

能泡茶的小花，你知道还有哪些？

# 忍冬

北京市东城区培新小学

小 画 家：吴雨彤

指导老师：崔　昕

## 植物名片

别　　称：金银花、二花、忍冬花、金藤花

入药部位：花蕾

忍冬更为人们所熟知的名字叫金银花，是忍冬科忍冬属植物，多年生半常绿草质藤本。小枝细长，中空，藤为褐色至赤褐色。

叶子卵形对生，枝叶均密生柔毛和腺毛。

花蕾呈棒状，上粗下细。黄白色或淡绿色，密生短柔毛，夏季开花，苞片叶状，唇形花有淡香，外面有柔毛和腺毛，雄蕊和花柱均伸出花冠，花成对生于叶腋，花色初为白色，渐变为黄色，黄白相映，故有金银花之称。

## 医小壶故事

在西方，大家都以玫瑰花为爱情的象征和见证；在现代，人们也常常用百合意寓“百年好合”来象征爱情美满；然而在我国古代，百姓们都将金银花作为爱情的见证。而金银花的学名就是忍冬。

传说在很久以前，在怀府一带有个书生，偶遇一位高家小姐，两人郎才女貌，一见钟情，后来便经常在丫鬟的安排下频频约会。有一天，他们在园子中散步时，发现有一种花成对开放，散发出清幽特别的香气，两人你侬我侬，触景生情，便指花为盟，以此花来表达坚贞的爱情，私定终身。

然而书生和小姐的故事总会有一些波折，高家小姐的父母知晓后，因嫌弃书生家境贫寒，门不当户不对，坚决反对这门亲事，硬将两人拆散。书生离开高家小姐，暗暗立志，发奋苦读，第二年终于考中了状元。回乡路上，他再次找到了高家，终于将高家小姐明媒正娶，两个有情人终成眷属。

从那以后，两人把定情之花栽满庭院。一日盛开满园之时，一位老人路过，对满园花香赞赏不已，书生觉得投缘，便上前相询，老人捻须而笑，言道："此乃清热解毒之金银花，清香别致，因夏日时成对开放，故又称'鸳鸯花'。"书生闻言大喜，思忖冥冥中自有姻缘注定。后来有诗云："天地细蕴夏日长，金银两宝结鸳鸯。山盟不以风霜改，处处同心岁岁香。"

## 主要作用

功　　效：宣散风热，清解血毒，散结消肿。

主　　治：1. 用于痈肿疔疮，丹毒，热毒血痢；

2. 风热型感冒；

3. 治疗痢疾。

关于忍冬（金银花）名字的由来，你能想出什么故事呢？写一写吧！

# 合欢花

北京市东城区和平里第一小学
小 画 家：刘一墨
指导老师：杨　扬

## 植物名片

别　　称：夜合欢、苦情花

入药部位：花序

为豆科落叶乔木植物，伞形树冠。叶互生，树干浅灰褐色，树皮轻度纵裂。枝粗而疏生，幼枝带棱角。

叶为偶数羽状复叶，小叶镰刀状圆形，昼开夜合。

头状伞房花序，萼及花瓣均为黄绿色，五裂。花丝上部为红色或粉红色丝状，簇结成球。花萼管状，花冠裂片三角形，花萼、花冠外均被短柔毛。

## 医小壶故事

相传在很久以前，泰山脚下有位何员外，膝下长年无儿无女，直到晚年方才得一女儿，取名叫作欢喜，夫妇俩将其视如掌上明珠。

时光飞逝，到了欢喜十八岁那年清明节，欢喜带着丫鬟到南山上香。然而回到家后，却得了一种怪病，精神恍惚，茶饭不思。何员外心急如焚，遍请当地名医，试了无数药方，都不见效。何员外无可奈何，贴出一张告示：有能医治小姐怪病者当重金酬谢。

恰逢西庄有一位李秀才，文才过人，风度翩翩，还精通一些医道。赶考途中，路经何员外府前，看到了寻医告示，便揭榜进门想试一试。

李秀才把过脉象，眉头紧锁，只觉小姐的病确实怪异，既不像病，又有病征。正当丫鬟拂开床帘之际，李秀才瞥见了何小姐的面庞，当即明白过来。原来那日何小姐在南山烧香，恰巧与这位李秀才邂逅，几番交谈之后，便一见钟情，喜欢上他了。小姐回家后自是日夜相思，得了心病。李秀才此番机缘相逢，便料定了病因。

于是，李秀才对何员外说："贵府小姐是忧思成疾，情志郁结所致。今南山上有一棵树，人称'有情树'。此树之奇，在其叶片片相对，昼开夜合；其花细细如丝，清香扑鼻，可清心解郁，定志安神。取之煎水饮服，可治小姐疾病。"正在李秀才言语之际，何小姐心头一颤，这声音不就是自己心心念念的李秀才吗？拂开床帘偷偷一瞧，正是她梦中之人，病早已好了一半。再说何员外这边，他立即派人和李秀才一同前去南山采集此花。又按照秀才所说的方法煎水给女儿服用。没过两天，何小姐果然痊愈，对秀才更生好感。

何员外大喜，重金酬谢李秀才，全力资助他进京赶考。李秀才呢，的确才华横溢，当年便考中了状元。待到回何府拜谢之时，李秀才道出与何小姐的机缘，何小姐也向父亲述说了自己对李秀才早已情根深种。何员外喜不自胜，当即为二人定下婚事。这下，金榜题名时，又成了洞房花烛夜。后来，人们便把这种“有情树”叫作合欢树，这花也就叫作合欢花了。

## 主要作用

功　　效：解郁安神。

主　　治：1. 心神不安；

2. 忧郁失眠；

3. 健忘多梦。

# 荷花

北京市东城区青少年科技馆
小 画 家：郭超然
指导老师：刘 楝

## 植物名片

别　　称：莲花、芙蕖、水芙蓉、玉芝、玉华

入药部位：花叶

根状茎横生，肥厚，节间膨大，内有多数纵行通气孔道，节部缢缩，上生黑色鳞叶，下生须状不定根。

叶圆形，盾状，表面深绿色，被蜡质白粉覆盖，背面灰绿色，全缘稍呈波状，正面光滑，具白粉，背面叶脉从中央射出。叶柄粗壮，圆柱形，中空，外面散生小刺。

花梗和叶柄等长或稍长，也散生小刺，叶柄圆柱形，密生倒刺。花单生于花梗顶端、高托水面之上；有单瓣、复瓣、重瓣及重台等花型；花色有白、粉、深红、淡紫色、黄色或间色等变化。

坚果椭圆形或卵形，坚硬，熟时黑褐色，种子卵形或椭圆形，种皮红色或白色。

## 医小壶故事

在很久很久以前的辽东半岛上，有一片荷花盛开的大湖，当地的人们称它为：荷花湖。荷花湖里住着一位美丽而善良的荷花仙子，湖畔两岸的百姓在荷花仙子的呵护下，过着温馨和谐的安定生活。就这样过了一年又一年，然而这些朴实善良的百姓们没想到，一件劫难即将发生，将要夺走他们的安定生活。

一个一如往常的明媚早晨，荷花湖畔的百姓们像平时一样耕耘、织布、养蚕、打猎……突然，天空中乌云密布，狂风骤起，渤海上空卷起一股黑色的龙卷风，向着荷花湖席卷而来。一条面露狰狞的蛟龙，在狂风中吼叫道："这里从此之后是我的地盘了，荷花仙子将成为我的妻子，你们这些人类，从现在开始，都要服从于我！"

当地的百姓又怒又惧，一些勇敢的人拿起武器同这条蛟龙斗争。可是单薄的人类哪里是蛟龙的对手，百姓们不断倒下。荷花仙子这时匆匆赶到，她拔出宝剑跃上空中，与蛟龙展开了生死搏斗。

荷花仙子与蛟龙势均力敌，可是再耗下去，法力所及的人间村落会毁坏殆尽。荷花仙子晃了个空子，手持宝剑挥出一道闪烁的光环。顿时，天地间闪出一道耀眼的光亮，从荷花湖里直飞升空，猛烈地刺向蛟龙的眼睛。说时迟，那时快，荷花仙子使出全身力气冲向蛟龙，用锋锐无比的宝剑刺穿了蛟龙的喉咙。蛟龙咆哮着、翻腾着，疼痛难忍间，撞断了荷花湖南岸边的高山，逃回渤海，不久就一命呜呼了。

后来人们发现那荷花湖南岸被蛟龙撞到的高山，中间凹进去一大块，形状看上去就像两个车轮，于是百姓们就给山起名为“车轱辘山”。而美丽的荷花湖，因为山石的填充，被填成平地，所有的荷花都压在了地底。百姓伤心悲痛，荷花仙子眼见不忍，便站在空中，变成一粒晶莹剔透的荷花籽，从空中飘落下来，投入大地的怀抱。顿时，填湖的山石开始下陷，地底又冒出汩汩湖水，那颗由荷花仙子变成的神奇荷花籽，一瞬间结出无数朵美丽的荷花铺满湖面，荷花湖从此又恢复了原样。

## 主要作用

功　　效：止血，止痛，清心凉血，清热解毒。

主　　治：1. 血热导致的各种出血；

2. 失眠、心烦。

# 红景天

北京市东城区和平里第九小学

小 画 家：佟佳颐

指导老师：张 蕊

## 植物名片

别　　称：蔷薇红景天、扫罗玛布尔（藏名）

入药部位：根和根茎

多年生草本植物。叶疏生，长圆形至椭圆状倒披针形或长圆状宽卵形，先端急尖或渐尖，全缘或上部有少数牙齿，基部稍抱茎。根粗壮，直立。根短，先端被鳞片。

花序伞房状，密集多花，雌雄异株。雄花中八雄蕊，较花瓣长；四鳞片，长圆形，上部稍狭，先端有齿状微缺；雌花中四心皮，花柱外弯。

## 医小壶故事

在去西藏旅游的时候，当地人常常会在进藏之前，为游客们提供一小杯红景天泡的药酒，为的就是预防外地人在到达西藏后可能会出现的高原反应。远在清朝康熙年间，我国西部出现过几次分裂分子叛乱。有一次，康熙皇帝御驾亲征，就在大军西出阳关，抵达西北高原之时，军队将士一下子难以适应高原的缺氧环境，不少人出现了心慌气短、恶心呕吐、饮食难进的症状。军队里一篇哀怨声，士气也因此大大减弱。

正在康熙皇帝一筹莫展的时候，当地的一位藏胞来到大帐前，献上一车车红景天药酒。告诉皇帝，这种药酒可以缓解高原反应。康熙闻言大喜，传令下去让士兵们及时服用。没过多久，全军将士的高原反应竟神奇般地消失了，士气大振。随后便一鼓作气，把叛乱分子打得溃不成军。康熙深感红景天之妙，便将红景天题为“仙赐草”，并把它钦定为御用贡品。

## 主要作用

功　　效：益气健脾，清肺止咳，活血化瘀。

主　　治：1. 脾气虚弱，不思饮食、乏力、食后腹胀；

2. 肺热咳嗽；

3. 淤血；

4. 高原反应。

观察这种中药成品，试着画下来。

# 辛夷

北京市东直门中学附属雍和宫小学
小 画 家：王 静
指导老师：张 恬

## 植物名片

别　　称：毛辛夷、木笔花、迎春

入药部位：花蕾

辛夷为木兰科落叶乔木。用药部分呈长卵形，似毛笔头。基部具短梗，梗上有类白色点状皮孔。苞片间有小鳞芽，苞片外表面密被灰白色或灰绿色茸毛，表面类棕色，无毛。

叶片椭圆形或倒卵状椭圆形，两面均光滑无毛，表面绿色，背面浅绿色，主脉凸出。

花于叶前开放或近同时开放，单一，生于小枝顶端，外面紫红色，内面白色，倒卵形。

## 医小壶故事

“夷人”是我国古代少数民族中的一种。远在春秋时代，中华土地上有华夏和戎、狄、蛮、夷的区分。各诸侯国在经济文化上比较先进的，自称华夏族，他们把较为落后的小国或者部落，称之为戎、狄、蛮、夷。而这些人民的智慧中，也有不少在艺术、文学或医药上超越华夏族的。

古代中原，有一刘姓举人得了一种怪病，经常头昏脑涨，鼻子流脓鼻涕，腥臭难闻。刘举人四处求医，都没能治好他的病。

一日，朋友来看刘举人，劝他说："天下这么大，本地医生治不好，何不到外地求医呢？"刘举人听后觉得有道理，反正在当地已是难以医治，病虽难熬，但毕竟不是大病，不如外出寻医问诊，顺道游历名山大川，散散心也好。于是，次日便携家人出门了。

刘举人走了很多地方，依然没有人能治好他的鼻病。一日，他来到了一个夷人居住的地方，到了当地的药铺询问。一位白发老人告诉他："你这病不难治，我给你介绍个药方，只要你坚持服用，少则十天半月，多则一个月，病可除。"刘举人闻言大喜，急忙向老人求教。只见老人走到房前，在一株小树上采了几朵紫红色的花苞，说："这就是我说的那种药，我们这里多的是，你每天早晚采几朵和鸡蛋一起煮着吃，你的病就会康复了。"

刘举人按照夷人老者的嘱咐，连服半月，果然常年难治的鼻病痊愈了。刘举人随后便向老人要了些这种药草的种子，打算带回家种在房屋后。要是遇到有同样鼻病的人，他就能用这种药给人治病。后来，刘举人凭借为人治疗鼻病，也成了当地有名的医生。当地人问他："这种药很奇怪，先开花后长叶，它叫什么名字呢？"刘举人一拍脑袋，想起当初忘了问夷人老者这种植物的名字了。于是想了想，这植物是辛年从夷人那里引来的，便点点头说道："这药，就叫辛夷吧。"

## 主要作用

功　　效：发散风寒，通鼻窍。

主　　治：1. 风寒感冒头痛；

2. 鼻渊、鼻塞、鼻流浊涕。

你能找到辛夷花吗？在这一页上做成标本吧！

# 果实类

# 连 翘

北京市东直门中学附属雍和宫小学

小 画 家：牛博岩

指导老师：杨 茜

## 植物名片

别　　称：黄花杆、大翘子、黄寿丹

入药部位：果实

落叶灌木。枝开展或下垂，棕色、棕褐色或淡黄褐色，小枝土黄色或灰褐色，略呈四棱形，疏生皮孔，节间中空，节部具实心髓。

叶通常为单叶，叶片卵形、宽卵形或椭圆状卵形至椭圆形，叶缘除基部外具锐锯齿或粗锯齿，正面深绿色，背面淡黄绿色，两面无毛。

花通常单生或二至数朵，着生于叶腋，先花后叶；果卵球形、卵状椭圆形或长椭圆形。

## 医小壶故事

相传在上古时期，天河流域每到冬春交替的时节里，总会流行一种风寒瘟疫。这种病不仅来得突然，而且感染蔓延飞快，不少百姓都被病魔夺去了生命。

有一年，一位名叫连翘的女子，她的父母都在一次疫情中丧生。连翘葬下双亲，擦干眼泪，便决心出门寻找治疗这种瘟疫的良药。连翘只身一人沿着天河逆水而上，穿行于深山老林之中。

一天，由于又累又饿，连翘发了高烧，浑身发冷打战，不知不觉就晕倒在路旁。正在此时，天仙织女路过此地，见到连翘倒在地上，便将随身带着的一种丹药放于连翘的口中。不一会儿，连翘苏醒了，高烧也退了，浑身也轻松了许多。

织女问连翘为何倒在路旁，连翘告知了缘由。织女听完感动不已，也想为人间消弭这种瘟疫，便取出从天上万圃园带来的种子撒向大地。眨眼之间，漫山遍野生长出一朵朵小黄花，金光灿灿，十分耀眼。织女对连翘说："以后如再遇此病，就用它的果实医治。"

连翘姑娘回到家乡后，组织乡亲们在天河沿岸大量种植这种药材，并用其果实为百姓治病防病，都收到了神奇的效果。从此之后，这里的瘟疫不再困扰百姓，天河沿岸也人畜兴旺，山清水秀。后人为了纪念这位好心的姑娘，便把这种药材定名为"连翘"，并收入了中药名录之中。

## 主要作用

功　　效：消肿散结、清热解毒。

主　　治：1. 乳痈，丹毒；

2. 高热烦渴，神昏发斑，热淋尿闭。

连翘的花是鲜艳的黄色，特别漂亮，你还知道哪些花是黄色的？画下来吧！

# 枣

北京市第五中学分校附属方家胡同小学

小 画 家：张 月

指导老师：张芯雨

## 植物名片

别　　称：大枣、红枣、干枣

入药部位：成熟果实

秋季果实成熟时采收拣净杂质，晒干。药用部位呈椭圆形或球形，表面暗红色，略带光泽，有不规则皱纹。基部凹陷，有短果梗。外果皮薄，中果皮棕黄色或淡褐色，肉质，柔软，富糖性而油润。果核纺锤形，两端锐尖，质坚硬。

枣树为落叶灌木或小乔木。单叶互生，卵圆形至卵状披针形，边缘具细锯齿。花小形，成短聚伞花序，丛生于叶腋，黄绿色；萼五裂，上部呈花瓣状，下部连成筒状核果卵形至长圆形。

## 医小壶故事

乾隆年间，有一位名臣叫纪昀，民间更多称他为纪晓岚。纪晓岚生于河北沧州，是“中国金丝枣之乡”。金丝枣在我国有着悠久的历史，纪晓岚对家乡这一物产，也时常情牵意挂。

他在《槐西杂志》中写道：“崔庄多枣，动辄成林，俗谓之枣行。”

纪晓岚吃枣成瘾，民间都盛传他是猴精转世。虽然猴精一说属于民间戏谑，但纪晓岚生活习惯不好是众人皆知的。然而尽管他抽烟、贪食，但竟活到了八十二岁，在古人里算是高寿了。这之中，金丝枣的调补自然是功不可没。

沧州有句古谚说：“日食三枣，终生不老。”纪晓岚爱吃枣，并不像姚元之在《竹叶亭杂记》里写的那样，只是摆在桌上，胡乱抓来就吃。关于枣的吃法，其实是花样多多。传统的干枣，揣在口袋，随手拿来解馋；糖浸的蜜枣，充当饭后甜点；酒闷的醉枣，清香爽口；去核烘干的脆枣，孩子们最是喜欢；更有蒸的枣糕、枣花卷、枣馒头，煮的枣粽子等等。

## 主要作用

功　　效：补脾胃，益气生津，解药物毒性。

主　　治：1. 用于治疗脾虚、厌食、腹泻；

2. 安神宁心。

找一找哪些点心是用枣或者用其他果实做成的？记录一下。

# 山 楂

| |
|---|
| 北京市东城区板厂小学 |
| 小 画 家：周　道 |
| 指导老师：温　昱 |

## 植物名片

别　　称：山里果、山里红

入药部位：成熟果实

药用部位为圆形，皱缩不平，外皮红色，具皱纹，有灰白色小斑点。果肉深黄色至浅棕色。气微清香，味酸、微甜。

山楂是蔷薇科山楂属，为多年生落叶乔木，树皮粗糙，暗灰色或灰褐色。叶片宽卵形或三角状卵形，稀菱状卵形，边缘有尖锐稀疏不规则重锯齿，正面暗绿色有光泽，背面沿叶脉有疏生短柔毛或在脉腋有髯毛。

伞房花序具多花，总花梗和花梗均被柔毛，内外两面均无毛，或在内面顶端有髯毛；花瓣倒卵形或近圆形，果实近球形或梨形。

## 医小壶故事

我国古代的四大美女是西施、昭君、貂蝉和杨玉环，分别对应的是“沉鱼”“落雁”“闭月”和“羞花”。其中，杨玉环是唐朝唐玄宗最宠爱的妃子。有一次，杨玉环脘腹胀痛，茶饭不思。唐玄宗为此坐卧不安，尽管御医盈庭，名贵药品用尽，杨贵妃的病不但没有好转，反而越来越重。唐玄宗遂又下令在宫门前贴上告示，遍请天下能医贵妃病者。

直到有一天，一个道士行至皇宫前，揭榜自荐，为贵妃治病。唐玄宗亲自屈驾前往，道士诊断过后，思忖道：贵妃的病，乃脾胃柔弱，饮食不慎，积滞中脘。御医所用之药，滋补腻滞，实反其道也。于是，挥毫写出："棠球子十枚，红糖三钱熬汁，饭前饮用，每日三次。"然后扬长而去。御医们将信将疑，但方子是无大碍的，唐玄宗便传令下去用药。谁知照这个方子服用半月不到，贵妃的病果真痊愈。而道士所说的棠球子，就是今日我们熟知的山楂。

## 主要作用

功　　效：健胃消食，有助于肉食消化。

主　　治：1. 助消化，进食过多肉食后，腹胀不消化；

2. 降血脂、抗动脉粥样硬化；

3. 对心血管系统有一定的保护作用；

4. 抑菌。

你知道还有哪些果子吃起来酸酸的、甜甜的？写一写，画一画。

# 乌梅

北京市第一六六中学附属校尉胡同小学

小 画 家：吴文轩

指导老师：紫建清

## 植物名片

别　　称：梅实、熏梅、桔梅肉

入药部位：近成熟果实

为蔷薇科杏属小乔木，树皮浅灰色或带绿色，平滑；小枝绿色，光滑无毛。

叶片卵形或椭圆形，先端尾尖，基部宽楔形至圆形，叶边常具小锐锯齿，灰绿色，幼嫩时两面被短柔毛，成长时逐渐脱落，或仅背面脉腋间具短柔毛，叶柄长1—2厘米，幼时具毛，老时脱落，常有腺体。

花单生或有时二朵同生于一芽内，直径2—2.5厘米，香味浓，先于叶开放；花梗短，长约1—3毫米，常无毛；花萼通常红褐色，但有些品种的花萼为绿色或绿紫色。

果实近球形，黄色或绿白色，被柔毛，味酸；果肉与核粘贴，核椭圆形，顶端圆形而有小突尖头，腹面和背棱上均有明显纵沟，表面具蜂窝状孔穴。

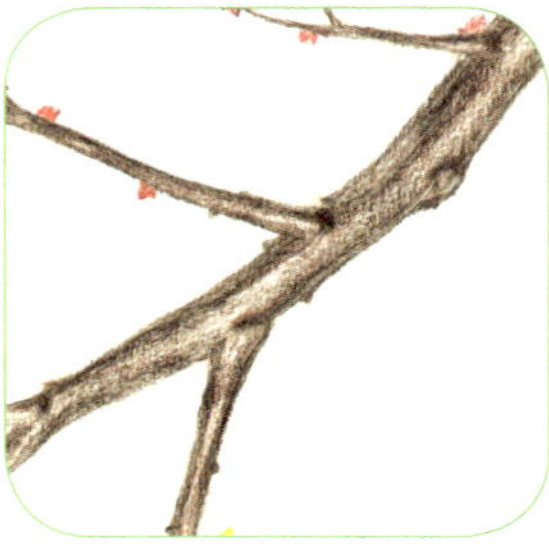

## 医小壶故事

小朋友们都听说过“望梅止渴”这个成语吧。在《三国演义》中，有一回，曹操和刘备一同来到后花园的小亭内对饮，曹操跟刘备讲述了一次打仗前领兵的经历。

有一次曹操行军过程中，日头高照，人乏马累，将士们口渴难耐，不由得士气也低落下来。曹操见状，心生一计。他拿起马鞭对着前方虚晃一下，对着众将士说：“前有梅林。”众将士听后，心想前面就有酸甜可口的梅子吃了，顿时满嘴生津，一下子都不渴了，士气也上来了。

曹操的这个故事，后来就演变为成语“望梅止渴”了。这里的梅，在中医里处理过后就成了一味药材，叫作“乌梅”。乌梅也是老少咸宜的零食小点。用乌梅和红豆煮水，就是夏天必喝的解暑饮品酸梅汤了。

大文豪梁实秋先生就非常喜欢酸梅汤，他在《酸梅汤与糖葫芦》中写道：“夏天喝酸梅汤，冬天吃糖葫芦，在北平是各阶级人人都能享受的事。”

## 主要作用

功　　效：敛肺，涩肠，生津，安蛔虫。

主　　治：1. 肺虚久咳，久泻久痢；

2. 用于治疗蛔虫导致的呕吐腹痛。

除了乌梅，你还知道哪些腌制的果脯零食？

# 根类

# 山药

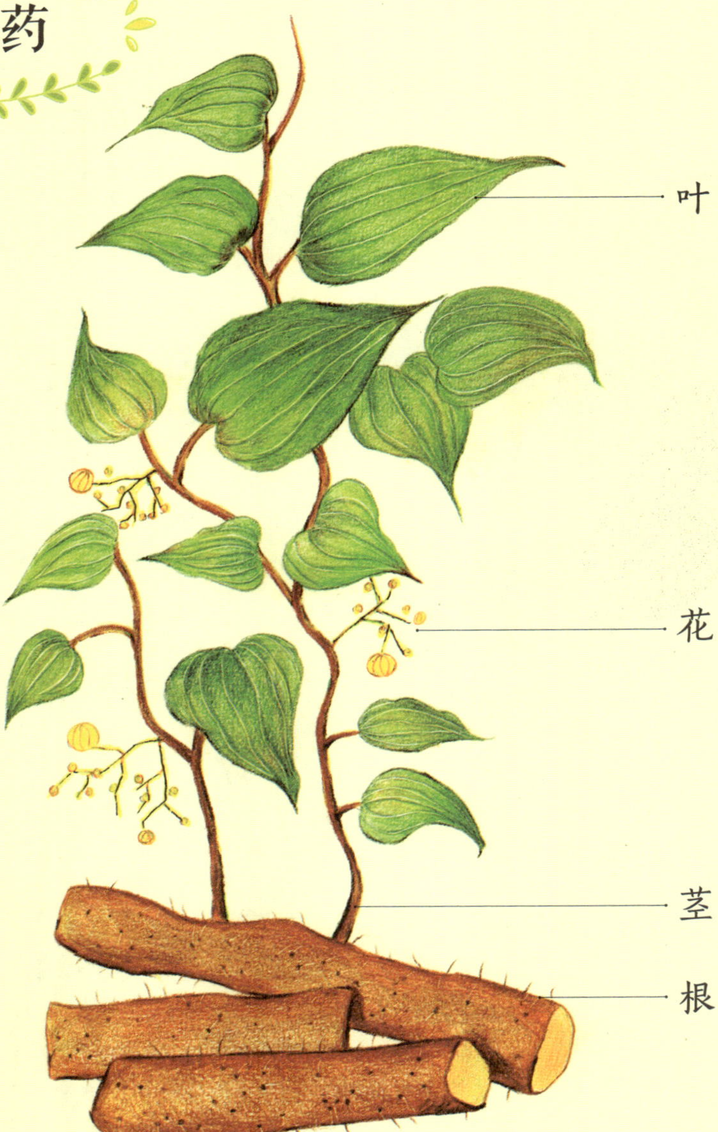


北京市第一六六中学附属校尉胡同小学

小 画 家：李安妮

指导老师：郭婕妤

## 植物名片

别　　称：薯药、淮山药

入药部位：根茎

山药为薯蓣科草质藤本，根茎棒状，根少分枝，白色根着生许多须根。无臭，味淡、微酸，嚼之发黏。

叶对生，叶形多变化，常为心形或掌状，叶腋间生有株芽，可供繁殖材料，也可食用。

## 医小壶故事

相传在遥远的年代，有两个国家发生了战争。大国把小国打败了。小国军队败逃后退，大国军队乘胜追击，占领了许多土地。最后小国军队只剩下几千人马，退到了一座大山里。大国军队攻到山下，看见大山高耸入云，易守难攻，试着强攻几次都未能胜利，于是便将这座山团团包围。想等敌人粮草断绝之后，自然会下山投降。

结果两个月过去了，大国将军盘算着小国军队带的粮草快要吃完，便更加自信斐然。然而又过去了四个月，小国军队仍然毫无动静。大国军队的指挥官心想，敌人肯定已经没有粮吃，大约正在杀马充饥。

时间过去了六个月，被包围的军队还是没有动静。大国军队指挥官有点诧异了，他判断敌军的马匹应该已被吃光，他让士兵高喊“再不投降，便只有活活饿死啦！”但小国军队并不回答，反而射出几支冷箭。到了第八个月，大国军队指挥官算定敌军此时该是死亡过半了，于是自己和军队士兵们便放松警惕，整天饮酒作乐。

有一天晚上，大国军队正酣睡之时，突然从山上冲下来一支人强马壮的军队，径直杀向大国军队大营。这支军队正是在山上驻扎了八个月之久的小国军队。结果，小国军队大获全胜，并乘胜追击，把失去的国土全部夺了回来。小国军队在山中被困将近一年，内无粮草，外无救兵，为什么非但没有被饿死，反而依旧兵强马壮呢？

原来山里面长着一种草，这种草开白色的花，而它长在地下的根茎细长圆直。士兵们在山里的这几个月，就是以这种草的根茎充饥，而马匹则吃树叶和这种草的叶子。在这将近一年的时间里，小国军队在山中休整了溃散的军队，喂壮了马匹。准备充分之后，在大国军队松懈不备时，小国军队趁黑夜杀下山去，大获全胜。

小国的人民为了记住这种草，给它起了一个名字，叫作“山遇”。意思就是说，军队在山里最危急的时候遇到了它。就这样，“山遇”就被人们逐渐用作饮食了。后来在食用中，人们慢慢发现，它不仅能像粮食一样填饱肚子，还有健脾胃、补肺肾的功效，吃了它可以治疗脾虚泄泻等症，于是渐渐又将“山遇”改名为现在的“山药”了。

## 主要作用

功　　效：健脾，补肺，固肾，益精。

主　　治：1. 脾虚泄泻，久泻不止；

2. 虚劳咳嗽，消渴；

3. 固精止带。

# 百合

北京市第五中学分校附属方家胡同小学

小 画 家：张天怡

指导老师：刘 涛

## 植物名片

别　　称：白百合

入药部位：肉质鳞茎

多年生草本。鳞茎球形，淡白色，先端常开放如莲座状，由多数肉质肥厚、卵匙形的鳞片聚合而成。表面类白色、淡棕黄色或微带紫色，有数条纵直平行的白色维管束。顶端稍尖，基部较宽，边缘薄，微波状，略向内弯曲。质硬而脆，断面较平坦，角质样。花大、多白色、漏斗形，单生于茎顶。蒴果长卵圆形，具钝棱。种子多数，卵形，扁平。无臭，味微苦。

## 医小壶故事

在西方的基督教文化中，传说百合花原本是黄色的花瓣，直到被用来象征圣母玛利亚的纯洁，才逐渐变成了白色。在许多版本的圣母画中，都少不了百合这一象征。百合花的形态婀娜动人，高擎挺拔，散发清香，经常象征着女子的高洁自爱。

在中国古代，由于百合花盛开时，常常散发出淡淡幽香，因此在艺术创作中会把它和水仙、栀子、梅、菊、桂花和茉莉，合称七香图，深受人们的喜爱。百合花，在如今又被赋予“百年好合”“百事合意”的意义，是婚礼的常用花卉之一。

## 主要作用

功　　效：养阴润肺，清心安神。

主　　治：1. 阴虚燥咳，劳嗽咳血；

2. 虚烦惊悸，失眠多梦，精神恍惚。

你能区分百合、蒜瓣和水仙吗？分别拍张照贴在下面做个对比记录吧！

# 大蒜

北京市东城区特殊教育学校

小 画 家：康 炜

指导老师：穆 颖、赵子君

## 植物名片

别　　称：蒜头、大蒜头、胡蒜、葫、独蒜、独头蒜

入药部位：鳞茎

半年生草本植物，百合科葱属，以鳞茎入药。外包1—3层白色或淡紫红色膜质鳞叶，中央有干缩的花葶残基。小鳞茎瓣长卵圆形，顶端略尖，背面略隆起，外被膜质鳞叶，内为白色肥厚的肉质鳞叶。

根浅，无主根。发根部位为短缩茎周围，外侧最多，内侧较少。鳞茎和叶常作为食材。

## 医小壶故事

在很久很久以前，有一位远近闻名的医生，他经常在晚上的时候，把治病用药的道理讲给自己的儿子们听。这个医生的邻居是个农民，也想跟他一起学医，于是就去找这个医生，说："先生，您收我当徒弟吧！"可是，医生没有答应农民的要求。

因为按照当时的规矩，一般是传内不传外，传媳不传女。

但这个农民并没有打消学医的念头，他听说医生会在晚上教儿子们医术，于是就每天晚上，来到医生的窗外偷听学医。

有天晚上，医生和儿子们没有讲医术的事，而是聊了聊家常。说有个病人欠了医生一笔药钱，大儿子刚把账算完，他问医生："那人欠的钱现在还不能归还，要不要加利钱呀？"医生说："算了，止下利吧。能还药钱就行啦，别再加利钱了。"可是，农民没听见前言，也没去细听后语，只听到了一句"算了，止下利"这么半句。于是自己琢磨着，这是医生正传授"蒜能止下痢"的药方呢，心想总算学会了一招，回去试试再说吧。

第二天，农民就对人们说："我能治痢疾。"但人们不相信，谁也不让他治。碰巧，农民在外地有个亲戚，得了痢疾。农民听说后就跑去了，用大蒜当药，让亲戚吃了好几天。万万没想到，这个亲戚还真被他治好了。

从此，这个农民就住在了亲戚家，专门给人治痢疾。他治一个，好一个，名声越来越大。不久，消息传到了那个医生的耳朵里，他就去找那位农民，问道："你这本事是跟谁学的？""跟您呀。"农民说。医生疑惑了，他问道："不对不对，我什么时候教过你呀？"农民挠了挠头，把那天晚上去偷学的事情说了一遍。医生听完哈哈大笑起来："'蒜能止下痢'？我应该说的是'算了，止下利'吧！我和孩子们当时说的是算账的事啊！"农民一听也愣住了："那怎么大蒜还真能治痢疾呢？"医生说："没错，看来大蒜确实能止痢疾。你呀，也算是有医缘，我就收你为徒吧！”就这样，人们渐渐发现了大蒜具有止痢的药性。从此，大蒜也成了一种药材。

## 主要作用

功　　效：解毒杀虫，消肿止痛，止泻止痢，治肺驱虫，温脾暖胃。

主　　治：1. 治痈疽肿毒，白秃癣疮；

2. 痢疾泄泻，如菌痢、阿米巴痢疾、肠炎等。

# 生 姜

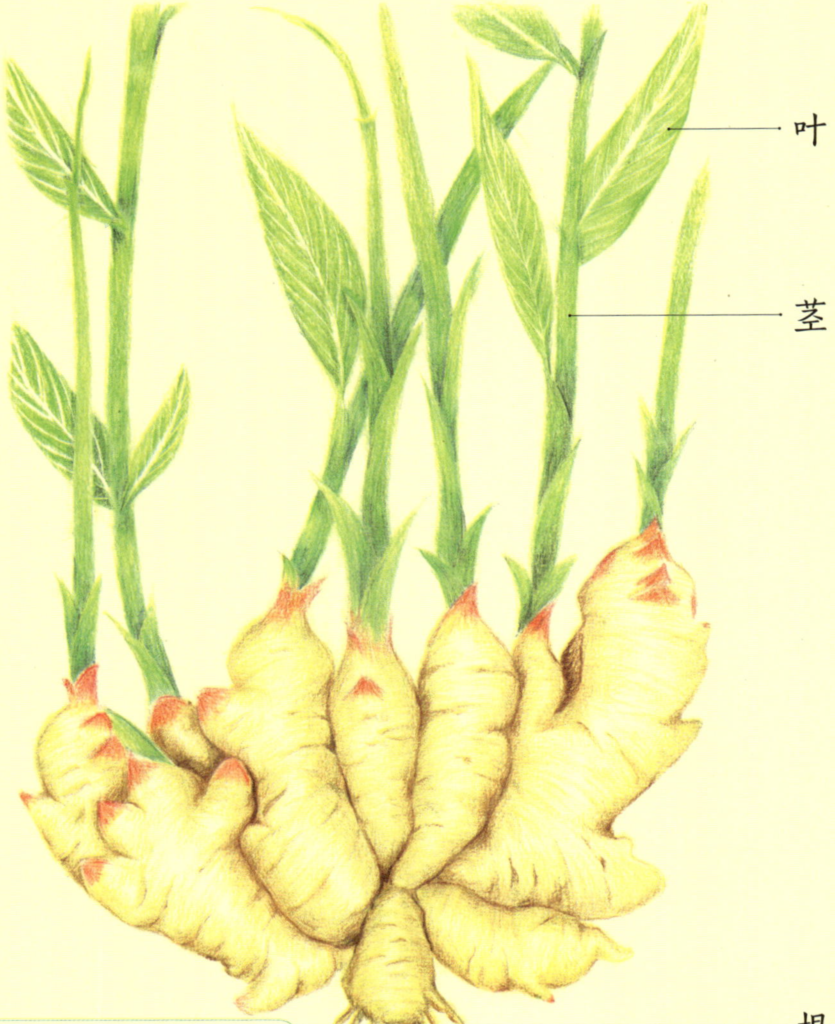


| | |
|---|---|
| 北京市东城区特殊教育学校 | |
| 小 画 家：胡清雅 | |
| 指导老师：穆 颖 赵子君 | |

## 植物名片

别　　称：姜皮、姜、姜根、百辣云

入药部位：根茎

多年生宿根草本。根茎肉质、肥厚、扁平，有芳香和辛辣味。表面黄褐色或灰棕色，有环节，分枝顶端有茎痕或芽。

叶子披针形或条状披针形，先端渐尖基部渐狭，平滑无毛，有抱茎的叶鞘。无柄。花茎直立，被以覆瓦状疏离的鳞片；穗状花序卵形至椭圆形。

## 医小壶故事

早在我国春秋时期，生姜就已经成为人们餐饮中不可缺少的一种食材了。至圣先师孔子便是一位生姜爱好者。孔子很早就认识到食用生姜能抗衰老，他晚年时常说“每食必姜”“不撤姜食，不多食”。意思是说，每次吃饭都必须要吃生姜，吃饭不撤掉生姜，但一次不宜吃太多。在那个年代，战乱连年，生活朝不保夕，一旦生病，便很难医治。但就是那个年代，孔圣人能够活到七十三岁，与他爱吃生姜也是有很大关系的。

民间有“姜能疆御百邪，故谓之姜”的解释。生姜在食疗及药用方面应用很广，有发汗、暖胃、止呕、祛痰、祛风、散寒、解毒等功效，所以生姜爱好者在历史长河中不乏其人。就连著名的长沙马王堆一号汉墓里也有生姜存在。宋代的大文豪苏轼，曾经见过杭州净慈寺的一个住持，服食生姜四十余年，八十多岁竟然毫无老态，依旧脸色红润，双目有神。明末清初的著名思想家王夫之，也是一生爱食生姜，在他晚年隐居乡下之时，把住的草堂叫作“姜斋”，并自号为“卖姜翁”。

## 主要作用

功　　效：解表散寒，温肺止咳，解毒。

主　　治：1. 风寒感冒；

2. 脾胃寒症，胃寒呕吐；

3. 肺寒咳嗽；

4. 解鱼蟹过敏中毒。

你还知道哪些植物的根茎是能吃的呢？

# 人 参

北京市东城区汇文第一小学

小 画 家：周启文

指导老师：温 禾

## 植物名片

别　　称：黄参、地精、神草

入药部位：根

人参为五加科植物。多年生宿根草本，人参主根肥厚，肉质，黄白色，圆柱形或纺锤形，下面稍有分枝；根状茎短，直立。

人参茎直立，圆柱形，不分枝。一年生植株茎顶只有一叶，叶具三小叶，俗名“三花”；二年生茎顶仍只一叶，但具五小叶，叫“巴掌”；三年生者具有二个对生的五小叶的复叶，叫“二甲子”；四年生者增至三个轮生复叶，叫“灯台子”；五年生者增至四个轮生复叶，叫“四匹叶”；六年生者茎顶有五个轮生复叶，叫“五匹叶”。人参夏季开花，伞形花序单一顶生叶丛中。人参浆果扁圆形，成熟时鲜红色，内有两粒半圆形种子。

## 医小壶故事

小朋友，你见过人参吗？你看它身上仿佛有胳膊有腿，长得像不像一个小小人儿呢？你一定想，人参之所以叫人参，一定是因为它长得像人吧。嗯，这可能是它名字的其中一个由来吧。关于人参名字的由来，还有一个有趣的传说。

在很久以前，有两个猎户兄弟打算进山打猎。进山前，村里一位德高望重的白须长辈劝告他们，马上就要下雪了，还是别进山啦。可是两兄弟自恃年轻力壮，带上弓箭和刀叉坚持要进山去打猎。

进山之后，兄弟俩运气不错，一路上打了不少野物。二人在山里越走越远，越走越深。正当他们追捕一头野猪时，忽然变了天，大风卷着大雪，不出一炷香的时间，就把所有出山的路给封住了。兄弟俩这下没了办法，还好打了些野物，便钻进一个山洞，避一避风雪。

一天又一天过去了，兄弟二人就凭借打来的野物，和山洞附近挖到的根茎，一直维持着生活。他们常吃一种长得像人形的根茎，这种根的味道很甜，他们挖了不少，一直拿来当水果吃。没想到，吃着吃着，他们感到浑身是劲，在冰天雪地的大山中也不再觉得寒冷难耐。就这样待到了春天，冰雪消融，兄弟俩才终于下山回了家。

等他们到了村里，村民纷纷诧异不已，都以为撞到鬼了，都问他俩怎么在山里待了这么久居然还能活着回来。兄弟俩向村民们述说了山中的经历，并拿出了他们下山前特意挖出来的几棵人形根茎给大家看。那位白须长辈笑着说："这种根茎长得像人，你们兄弟俩又多亏了它的相助才能生还，我们就管它叫'人生'吧！意思就是'食者生'。"后来，人们又把"人生"叫作"人参"，并一直沿用至今。

## 主要作用

功　　效：大补元气，复脉固脱，补脾益肺，生津，安神。

主　　治：1. 体虚欲脱，肢冷脉微，脾虚食少，肺虚喘咳；

2. 心力衰竭，心源性休克；

3. 急慢性疾病及失血后引起的休克、虚脱；

4. 气血津液不足之症。

# 何首乌

北京市东城区史家实验学校

小 画 家：崔君晗

指导老师：陈萌萌

## 植物名片

别　　称：地精、马肝石、多花蓼、紫乌藤、夜交藤

入药部位：块根

何首乌为蓼科何首乌属，多年生草质藤本植物。块根肥厚，长椭圆形，黑褐色。茎缠绕，多分枝，具纵棱，无毛，微粗糙，下部木质化。

叶呈卵形或长卵形，顶端渐尖，基部心形或近心形，两面粗糙。

花序圆锥状，顶生或腋生，分枝开展，具细纵棱，沿棱密被小突起；苞片三角状卵形，具小突起，顶端尖。

果瘦卵形，具三棱，黑褐色，有光泽。

## 医小壶故事

关于何首乌名字的由来，有这样一个神奇的传说。相传唐朝时期，有一位农夫名叫何嵩。一次争执中，他不慎将人伤害，犯下大罪。官府下令捉拿他，把何嵩拘捕入狱。

在监狱里，何嵩整日发愁忧郁，悔不当初，没几日，满头的黑发也变白了，样子十分凄惨。何嵩每日被罚行苦力，做苦工，狱卒们也不给饱饭吃，他经常饥饿难耐。

有一天，何嵩饥不择食，借放风的空当儿，挖出了空地旁边的一种植物块根，以解一时之饥。没想到，这种块根还挺好吃，能填饱肚子。于是他便经常借放风之际，挖这种块根食用。没想到，过了许久，奇怪的事情发生了。犯人何嵩的面色日渐红润，头发居然慢慢变黑了。狱卒问他原因，他解释说是平日里吃不饱饭，挖了空地旁的一种植物块根在吃着。狱卒怀疑是这种块根的功效，于是自己也去挖了服用，果然收到同样的效果。就这样，一传十，十传百，这种植物块根的功效传遍了整个监狱，又传到了整个镇上，由于最初是由何嵩发现的，且何嵩又凭着吃它变得头发乌黑，于是人们称这种植物为“何首乌”。

## 主要作用

功　　效：养血滋阴，润肠通便，截疟，祛风，解毒。

主　　治：1. 降血脂，抗动脉硬化；

2. 生黑发，抗衰老，补肾；

3. 治疗便秘。

试着画一画你见过的一种植物的根茎。

# 麦冬

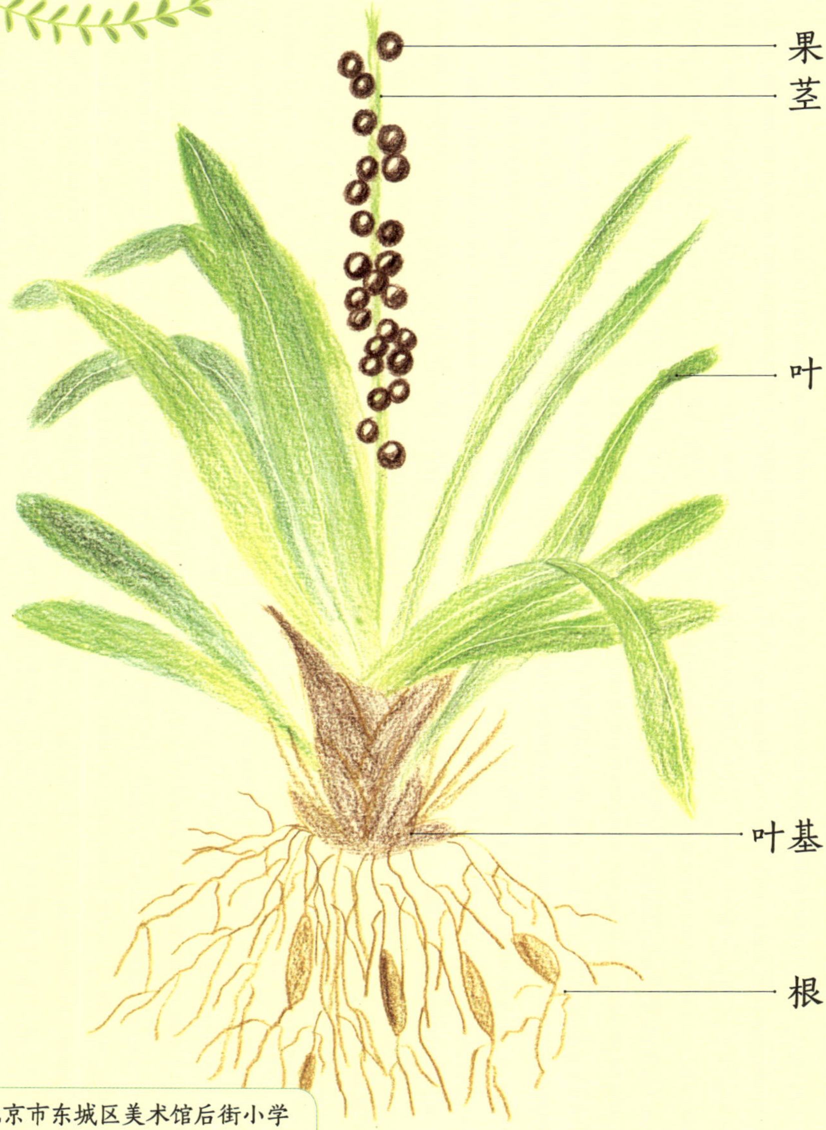


北京市东城区美术馆后街小学

小 画 家：吴至秫

指导老师：叶　嵘

## 植物名片

别　　称：麦门冬、寸冬

入药部位：块根

用药部位呈纺锤形，两端略尖。麦冬属多年生常绿草本植物的块根，根较粗，中间或近末端常膨大成椭圆形或纺锤形的小块根，淡褐黄色有细纵纹。气微香，味甘、微苦。

## 医小壶故事

秦始皇是完成中华大一统的伟大历史人物，是我国历史上的第一位皇帝。秦始皇一生追求长生不老，留下许多神奇的传说。据《十洲记》记载：在秦始皇时代，有一只鸟衔来一株草飞至宫中。这株草的叶子青翠碧绿，很像韭菜，还有一朵淡紫色的小花，与绿叶相映，非常好看。秦始皇便派人去问鬼谷子，想知道这种草是何物。鬼谷子精通医术，遍学奇门之术，见此草后便对始皇帝说：“此乃东海瀛洲上的不死之药。人死后三天，用此草盖其身，当时即活。一株草就可救活一人。”秦始皇听说后大喜，便派方士徐福为使者，带童男童女数千人，乘船入东海，去瀛洲寻求这种长生不老之药。这个传说中的长生不老之药，便是麦冬。

## 主要作用

功　　效：养阴润肺，益胃生津。

主　　治：1. 肺胃阴虚之津少口渴、干咳咯血；

2. 心阴不足之心悸易惊，及热病后期热伤津液等症；

3. 配沙参、川贝可治肺阴虚干咳。

你觉得“麦冬”这个名字怎么样？关于它名字的由来，你能想出什么有趣的故事吗？

# 地 黄

北京市东城区西中街小学

小 画 家：傅 昊

指导老师：王 淳

## 植物名片

别　　称：生地

入药部位：根

地黄是玄参科植物。秋季采挖，除去芦头、须根及泥沙，鲜用或炮制后用。分为鲜地黄、生地黄和熟地黄。多年生草本，呈纺锤形或条状，密被灰白色多细胞长柔毛和腺毛。根茎肉质肥厚，鲜时黄色。

叶通常在茎基部集成莲座状，叶片卵形至长椭圆形，正面绿色，背面略带紫色或紫红色，边缘具不规则圆齿或钝锯齿；基部渐狭成柄，叶脉在上表面凹陷，背面隆起。

花在茎顶部略排列成总状花序，或几乎全部单生叶，分散在茎上；花萼钟状，密被多细胞长柔毛和白色长毛，花冠筒状而弯曲，外面紫红色蒴果卵形至长卵形。

## 医小壶故事

很久很久以前，有一次黄河流域瘟疫肆虐，夺去了无数百姓的生命。神农山旁的一个县官，急得像热锅上的蚂蚁，来到北草洼的药王庙里祈求神灵保佑。没想到，正磕头之际，发现地里有一截块根露了出来。县官认为这是神迹，便将此根挖出来带回了县里，并对大家说此药名叫地皇，意即地下神皇所赐。县官传令下人们去北草洼，采挖这种药，分给县里的病人吃。没想到，这种块根真的治好了当地的瘟疫，误打误撞地解救了百姓。瘟疫过后，百姓们把“地皇”引种到自家农田里，因为它的颜色发黄，人们便渐渐把“地皇”写成了“地黄”。

## 主要作用

功　　效：

鲜地黄：清热生津，凉血，止血。

生地黄：清热凉血，养阴生津。

熟地黄：补血滋阴，益精填髓。

主　　治：

1. 鲜地黄：用于热病伤阴，舌绛烦渴，温毒发斑，吐血，咽喉肿痛。

2. 生地黄：用于热入营血，温毒发斑，吐血，热病伤阴，津伤便秘，咽喉肿痛。

3. 熟地黄：用于血虚萎黄，心悸怔忡，月经不调，崩漏下血，肝肾阴虚，腰膝酸软，骨蒸潮热，盗汗遗精，内热消渴，眩晕，耳鸣，鬓发早白。

地黄开花很漂亮，有点像牵牛花，你能找出来贴在这页做成标本吗？

# 三 七

北京市东城区西中街小学
小 画 家：严雯琪
指导老师：王 淳

## 植物名片

别　　称：山漆、金不换、血参

入药部位：根

三七主产于云南文山州，故又名文山三七、文州三七。主根呈类圆锥形或圆柱形，表面灰褐色或灰黄色，有断续的纵皱纹和支根痕。顶端有茎痕，周围有瘤状突起。体重，质坚实，断面灰绿色、黄绿色或灰白色，木部微呈放射状排列。气微，味苦回甜。茎条呈圆柱形或圆锥形。

## 医小壶故事

在古代，出血症是说在受伤之后，血液很难凝固。那个时候医学不发达，很多时候就连不小心割破了手指，也会因血流不止而感染。相传古时候有个姓张的庄稼汉，患了一种出血症，危在旦夕。母亲急忙请了一个姓田的郎中医治，服药后果然好了。临走时，田郎中将这种药的种子送给庄稼汉，叫他种在园子里，说这药草长大后可治出血症。

第一年过去了，药草长得枝繁叶茂。这时，知府大人的女儿也得了出血症，庄稼汉便把刚长了一年的药草根茎挖出来，送去给小姐治病，结果血没有止住，连小姐都一命呜呼了。知府大人大怒，严刑拷打庄稼汉。庄稼汉说出是田郎中给的药方。于是知府又派人把田郎中捉拿到公堂，判其“庸医假药，图财杀人”之罪。

田郎中申辩说：“这种药草对各种出血病均有奇特疗效，但必须生长三到七年方才有效。听说张姓庄稼汉用的药，仅生长了一年，时间太短，没有药效，自然止不住血，救不了小姐的性命。”说完，他请知府当场验证。田郎中随即从差役手中要过刑刀，在自己大腿上划了一道大口子，顿时他的腿上鲜血直流。只见田郎中从药袋里取出这种药草来，研成细末，内服外敷，鲜血立即止住了，并很快结痂。知府大人这才信服，放了郎中。

经过这一次的教训，田郎中给它起名叫“三七”，意思就是告诉种植它和使用它的人，这种药草要生长三到七年才能用作药材。因郎中姓田，故又称“田三七”。

## 主要作用

功　　效：散瘀止血，消肿定痛。

主　　治：1. 咯血，吐血，便血，崩漏，外伤出血等各种出血症；

2. 胸腹刺痛，跌扑肿痛等各种瘀血疼痛。

你还知道哪些植物的名字中有数字呢？记录一下。

# 茎叶类

# 合欢皮

北京市东城区史家实验学校

小 画 家：杨明奕

指导老师：洪涤宁

## 植物名片

别　　称：合昏皮，夜合皮，合欢木皮

入药部位：树皮

夏、秋间采；剥下树皮，晒干。药用合欢皮呈卷曲筒状或半筒状，外表面灰棕色至灰褐色，稍有纵皱纹，有的成浅裂纹，内表面淡黄棕色或黄白色，平滑，有细密纵纹。质硬而脆，易折断，断面呈纤维性片状，淡黄棕色或黄白色。气微香，味淡、微涩、稍刺舌，而后喉头有不适感。

## 医小壶故事

上古传说中，尧舜禹都是非常贤德的圣君。相传舜帝南巡仓梧，因劳累过度而病逝。他的妃子娥皇、女英得知噩耗，遍寻湘江，终日恸哭流涕。一直到泪尽滴血，血尽而死，留下这段传说令千古悲叹。

后来，人们发现娥皇、女英的魂灵与舜帝的魂灵“合二为一”，变成了一棵棵合欢树。合欢树叶，昼开夜合，相亲相爱。自此，人们常以“合欢树”象征忠贞不渝的爱情。那合欢树叶为什么会昼开夜合呢？原来，合欢叶的细胞，犹如反应灵敏的储水袋。它们在白昼和黑夜，会因光线的强弱和温度高低产生变化，使储水袋白天吸水，晚上失水，因此膨胀或收缩，使叶片展开或闭合。

## 主要作用

功　　效：解郁，和血，宁心，消痈肿。

主　　治：1. 心神不安，忧郁失眠；

2. 肺痈，痈肿；

3. 筋骨折伤。

你还知道哪些树的树皮是能吃或能入药的呢？记录下来。

# 艾叶

北京市东城区天坛东里小学

小 画 家：许成成

指导老师：张 琪

## 植物名片

别　　称：艾、艾蒿、家艾

入药部位：叶

夏季花未开时采摘，除去杂质，晒干。艾叶为多年生草本植物，植株有浓烈香气。

主根明显，略粗长；常有横卧地下根状茎及营养枝。

茎单生，有明显纵棱，褐色或灰黄褐色，基部稍木质化，上部草质，并有少数短的分枝，茎、枝均被灰色蛛丝状柔毛。

叶厚纸质，上面被灰白色短柔毛，并有白色腺点与小凹点，背面密被灰白色蛛丝状密绒毛；完整叶片展平后呈卵状椭圆形，羽状深裂，裂片椭圆状披针形，边缘有不规则的粗锯齿。

## 医小壶故事

端午节是我国的传统节日，在每年的农历五月初五，千家万户为了纪念爱国诗人屈原，包粽子、划龙舟，还会在屋檐房门上插艾叶驱邪。其中又以屈原的故乡荆楚之地最盛行。

南朝梁的宗懔在《荆楚岁时记》中记载："端午采艾，悬门户上，以禳毒气。"《红楼梦》中也写道："这日正是端阳佳节，蒲艾簪门，虎符系臂。午间，王夫人治了酒席，请薛家母女等过节。"

其实，艾叶并不能赶妖驱魔，但艾叶入药，是治疗疾病，驱赶病魔的好药。据史书记载，公元1260年冬，元代征南元帅帖木儿统领十万大军，在扬州城外安营扎寨，犒劳三军，准备一举夺下扬州府。不料，帖木儿突然患病。起初只是消化不良，腹痛难忍。到了后来，连双脚都总是发冷如冰，麻木不能动弹，更不用说骑马走路了，只能整日里卧床不起。主帅病倒，军队里群龙无首，一时不知该如何进退。

一日，随征文官罗谦甫拜谒元帅。罗谦甫是中医史上"金元四大家"之一李杲的得意门生，曾跟随师父学医十余年。罗谦甫为帖木儿切脉望诊，认为元帅的疾病是因为他年事已高，气弱体虚，加上多年征战沙场，风餐露宿，常常被寒湿邪气侵害身体所致。加上饮食往往不规律，所以突然患病。于是，罗谦甫采用艾灸的方法，每日为帖木儿焚熏。一段时间后，元帅的病渐渐好了，双脚也慢慢能够动弹。

## 主要作用

功　　效：温经止血，散寒止痛；外用祛湿止痒。

主　　治：1. 吐血，崩漏，月经过多，胎漏下血，少腹冷痛，经寒不调，宫冷不孕；

2. 外治皮肤瘙痒。醋艾炭温经止血，用于虚寒性出血。

# 甘草

中央工艺美院附中艺美小学

小 画 家：王一涵

指导老师：黄　莹

## 植物名片

别　　称：国老、甜草、美草、甜根子

入药部位：根和根茎

通常横切成片，生用为生甘草，炒用为炙甘草。

甘草多年生草本，根与根状茎粗壮，外皮褐色，里面淡黄色。茎直立，多分枝，密被鳞片状腺点、刺毛状腺体及白色或褐色的绒毛。叶三角状披针形，两面密被白色短柔毛。气微，味甜而特殊。

## 医小壶故事

传说有一位老医生，在镇上是出了名的妙手回春，医术十分精湛。一次这位老医生到外地为人看病，临行给徒弟留了几包事先开好的药，准备应付家里来的病人。

谁知老医生多日未回，留下来的那几包药很快就用完了。徒弟们别无他法，只好硬着头皮，把院子里烧水用的，嚼起来像药草一样甜丝丝的干柴，切碎了包起来，谎称是师傅走时留下的药。

没想到，就凭着这些干柴切成的药，那些脾胃虚弱的病人、咳嗽痰多的病人、咽喉痛痒的病人、痈疽肿痛的病人等等，喝了这些甜丝丝的干柴煮制的汤药，病居然都好了。

等到老医生归来，得知之后，把徒弟们狠狠地教训了一顿。但是提到这种干柴，他告诉大家，这些不是普通的干柴，而是甘草，确实有不小的用处。

直到现在，甘草依然是中药里应用最广泛的药材之一。其药性和缓，能调和许多中药。所以，在许多处方中都能见到甘草的名字，医生们又称它为“甘国佬”。

## 主要作用

功　　效：补脾益气，清热解毒，祛痰止咳，缓急止痛，调和诸药。

主　　治：1. 脾胃虚弱，倦怠乏力；

2. 心悸气短，心律失常；

3. 咳嗽痰多，脘腹、四肢挛急疼痛；

4. 缓解药物毒性、烈性。

甘草喜欢光照和干燥，在表格里记录下还有哪些植物喜欢光照和干燥呢？

一身都是宝

# 桑

中央工艺美院附中艺美小学

小 画 家：杨紫玉

指导老师：黄 莹

## 植物名片

别　　称：无

入药部位：1. 桑枝：干燥嫩枝。

2. 桑白皮：桑树根的白皮。

3. 桑叶：秋冬季节采摘的桑叶。

4. 桑葚：果穗。

桑树为落叶乔木，树皮厚，灰色，具不规则浅纵裂。

叶呈卵形或广卵形，先端急尖、渐尖或圆钝，基部圆形至浅心形，边缘锯齿粗钝。表面鲜绿色，无毛，背面沿脉有疏毛，脉腋有簇毛；叶柄长，具柔毛；托叶披针形，早落，外面密被细硬毛。

花单性，腋生或生于芽鳞腋内，与叶同时生出。雄花序下垂，密被白色柔毛，花丝在芽时内折，花药二室，球形至肾形，纵裂；雌花序长1—2厘米，被毛，总花梗被柔毛，雌花无梗，花被片倒卵形，顶端圆钝，外面和边缘被毛，两侧紧抱子房，无花柱，柱头二裂。

## 医小壶故事

### 桑　葚

在楚汉争霸的年代，有一次，刘邦在徐州被项羽打得一败涂地，好不容易突出重围，身边只有十几个骑兵随从。没想到，逃路的前方有一座高山阻挡，后面项羽的追兵正急急赶来。走投无路之下，刘邦一行人躲进了一个阴暗的山洞里。项羽军队赶到，正行至山洞前，看见洞口蛛网密布，料定刘邦肯定从别处逃走了，并没有进入洞里。于是他们徘徊观望一阵，又朝山上呼啸而去。

刘邦侥幸躲过追捕，但因惊吓过度，接连头痛、头晕。头痛之时，痛苦难耐，脑袋就像要裂开似的，天旋地转。而且连带着还会腰腿酸软，一连便秘了好几天，简直痛苦不堪。当时身处的黄桑峪有一片桑林，恰逢桑葚结果，长满了枝头。为度难关，刘邦这几天只能忍着头痛，渴饮清泉，饥食桑葚。

当是天无绝人之路，没过多久，刘邦的头痛、头晕竟不知不觉痊愈了，解手也顺畅了，只觉浑身有力，神清气爽。后来刘邦黄袍加身，成了汉朝开国皇帝，仍念念不忘桑葚的救命之恩。宫中之人顺着他的心意，采集大批桑葚，加蜜熬制成膏，让他常年养生服用，刘邦自是受益匪浅。

## 桑寄生

传说在黄河流域的一个村子里，住着一位农夫名叫姬生。因辛勤操劳，加之风寒所袭，他的晚年经常腰腿疼痛。家里只他一人，一贫如洗，无钱医治，就快要丧失劳动力了。

有一天，他忍着痛楚干完农活之后，连回家的气力也没有了。于是心一横，想着干脆死在荒野算了。他找了一处藤条缠绕的桑树间，翻身就躺了下去沉沉睡去。等到姬生一觉醒来，已是日落西山。他动了动筋骨，只觉得周身大汗淋漓，胳膊腿也能舒展开来，疼痛明显减轻了。得到了这片宝地，姬生每次干完农活后，都躺在这些桑树的乱藤上休息。久而久之，他的腰腿疼痛不仅痊愈了，而且干起活来也有了力气。

这件事很快在乡邻里传开了，不少腰腿疼痛者前来找他，问他是用的什么法子。他便如实告诉了大家。那些腰腿疼痛的人，有的如法套用，有的还灵活发挥，采回些藤条煮汤喝，都有比较好的效果。后来，人们为了纪念这种藤条的发现者，就把它称为“姬生”。又因这种藤条大多寄生在桑树上，后人又把它称为“桑寄生”。

## 主要作用

1. 桑枝：

功　　效：祛风湿，利关节的作用。

主　　治：风湿痹病，肩臂、关节酸痛麻木。

2. 桑白皮：

功　　效：泻肺平喘，利水消肿。

主　　治：肺热喘咳痰，小便不利，有降压作用。

3. 桑叶：

功　　效：疏散风热，清肺润燥，平肝明目，凉血止血。

主　　治：风热感冒，肺热咳嗽，目赤昏花，咳血、吐血。

4. 桑葚：

功　　效：补肝益肾、生津润燥等功效。

主　　治：止渴、乌发明目。

# 银杏

北京市东城区革新里小学

小 画 家：姚欣妤

指导老师：王　洋

## 植物名片

别　　称：白果，公孙树，鸭脚树，蒲扇

入药部位：白果、银杏叶均可入药

银杏为落叶乔木，幼树树皮近平滑，浅灰色，大树之皮灰褐色，不规则纵裂，粗糙；有长枝与生长缓慢的距状短枝。

叶互生，在长枝上辐射状散生，有细长的叶柄，扇形，两面淡绿色，无毛，有多数叉状并列细脉，在宽阔的顶缘具缺刻或二裂，具多数叉状并列细脉。在长枝上散生，在短枝上簇生。它的叶脉形式为“二歧状分叉叶脉”。在长枝上常二裂，基部宽楔形，幼树及萌生枝上的叶常较而深裂。秋季落叶前变为黄色。

果实具长梗，下垂，常为椭圆形、长倒卵形、卵圆形或近圆球形。中种皮（壳）骨质，白色，常具二纵棱；内种皮膜质，种仁宽卵球形或椭圆形。无臭，味甘、微苦。

## 医小壶故事

春秋时期，百家争鸣，是我国思想文化大发展的时代，以孔子、老子、墨子为代表，形成了三大哲学体系。后来的历朝历代更是以孔子、孟子为代表的儒家思想为正统。孔子三十岁时，开创收徒讲学，有教无类，在家中讲坛旁移植了一棵银杏树。

孔子曾抚摸着银杏树说："银杏多果，象征着弟子满天下。树干挺拔直立，绝不旁逸斜出，象征弟子们正直的品格。果仁既可食用，又可入药治百病，象征弟子们学成后可以有利于社稷民生。此讲坛就取名杏坛吧！"后来，孔子被誉为至圣先师，他的这方讲坛，也被后世尊为讲学、讲堂的象征："杏坛"。

孔子说过："不学诗，无以言；不学礼，无以立。"孔家后人自称"诗礼世家"。因孔子生前最喜欢吃银杏果，因此在现代的孔府宴中，银杏也成为主要菜品传承至今，又故名"诗礼银杏"。

## 主要作用

1. 银杏叶：

功　　效：活血化瘀，通络止痛，敛肺平喘，化浊降脂。

主　　治：瘀血阻络，胸痹心痛，中风偏瘫，肺虚咳喘，高脂血症。

2. 银杏果：又叫白果，性味苦，微温，有小毒。

功　　效：止咳平喘，润肠通便。

主　　治：咳嗽、便秘。

# 后 序

“东城区青少年药用植物科学绘画”科普实践活动是东城区青少年科技馆深入东城区学院制改革，落实东城区“文化传承 2030”工程，在科学实践与传统文化有效融合方面的有益尝试，是具有鲜明的区域特色的科学实践类活动。

本书主要针对小学高年级和初中低年级的学生编写，可用于学生在科学绘画、中草药植物认知等探究活动中，也可供中小学教师专业发展培训之用，还可供科学教育研究人员参考。希望借助此书的出版，吸引更多的有识之士共同为青少年科技教育添砖加瓦。

本书亦是集体智慧的结晶，东城区 20 余所学校的骨干教师和学生参与了该书的编写工作。在反复修改的基础上，我们选取了 40 种身边常见的药用植物，从植物药用的历史、植物特性、绘画技巧等方面内容进行介绍，希望对北京市中小学中草药进校园活动提供材料支持。在此，特别感谢东城区教师研修中心美术教研员张跃东老师对书稿的指导。此外，本书还得到了北京市基层科普行动计划项目经费资助，在此一并表示感谢。

让我们和孩子们一起，拿起手中的画笔去描绘科学之真与艺术之美吧！

马 亮

2018 年 10 月